항공종사자·비파괴검사 종사자를 위한

침투비파괴검사
산업기사·기사 실기

필답형

조정현 지음

피앤피북

머리말

안녕하세요. 항공정비사 문제집을 제작하였던 조정현입니다. 이번에 제작한 책은 항공종사자들과 비파괴검사 종사자들에게 조금이나마 도움이 되고자 직접 집필한 침투비파괴검사 실기 필답형 문제집입니다.

이 책은 비파괴검사의 여러 종류 중 침투비파괴검사에 초점을 맞추었으며, 실기 필답시험에서 자주 출제된 기출문제들을 최대한 실제 시험과 유사한 유형으로 복원하여 수험생 여러분들이 실전에서 효과적으로 대비할 수 있도록 구성하였습니다.

비파괴검사 분야가 다소 생소하고 접근성이 어려워 보일 수도 있지만, 항공산업을 비롯한 다양한 산업 분야에서 매우 중요한 역할을 하고 있으며, 사고 예방과 품질 확보의 최전선에 있는 핵심 기술입니다. 비파괴검사는 단순히 암기를 넘어, 실제 현장에서 결함을 정확히 판별하고 책임감 있게 판단할 수 있는 사고력이 요구되는 분야입니다.

이 책이 여러분들의 자격증 취득을 위한 디딤돌이 되기를 바라며, 더 나아가 현장에서 결함을 신속하게 탐지하고 올바르게 판독할 수 있는 숙련된 비파괴검사원으로 성장하는 데 작은 밑거름이 되었으면 합니다.

짧지 않은 준비기간 동안 이 책이 든든한 길잡이가 되어드릴 수 있기를 바랍니다. 끈기와 성실함을 잃지 않고 오늘도 한 걸음씩 나아가는 여러분들을 응원합니다.

조정현 드림

정보

침투비파괴검사산업기사 출제기준(실기)

| 직무분야 | 안전관리 | 중직무분야 | 비파괴검사 | 자격종목 | 침투비파괴검사 산업기사 | 적용기간 | 2025.01.01. ~2028.12.31 |

○ 직무내용 : 액체의 표면장력에 기인한 모세관 현상을 이용하여 검사할 대상물을 손상시키지 아니하고 조사하여 건전성을 판단하는 직무이다.
○ 수행준거
  1. 침투탐상장비를 조작, 점검할 수 있다.
  2. 용접부나 각종 재료를 침투탐상장비를 이용하여 탐상하고, 결함 유무를 판별, 결함의 종류와 등급을 판정할 수 있다.
  3. 보고서 및 절차서를 작성할 수 있다.

| 필기검정방법 | 복합형 | | 시험시간 | 필답형 : 1시간
작업형 : 30분~1시간 정도 |

필기과목명	주요항목	세부항목	세세항목
침투비파괴검사 실무	1. 침투비파괴검사 장비 점검	1. 고정식 검사 장비 점검하기	1. 장비 매뉴얼에 따라 점검절차를 확인할 수 있다. 2. 점검 절차에 따라 적합한 측정기기와 기자재를 선정할 수 있다. 3. 선정된 측정기기와 기자재를 활용하여 검사 적합성을 점검할 수 있다.
		2. 조사·조명 장치 점검하기	1. 검사 표준에 따라 조사·조명 장치의 점검에 필요한 측정기기를 선정할 수 있다. 2. 선정된 측정기기를 활용하여 조사·조명 장치를 점검할 수 있다.
	2. 침투비파괴검사 탐상제 점검	1. 침투제 점검하기	1. 검사 표준에 따라 겉모양 검사를 실시하여 침투제의 적합성을 점검할 수 있다. 2. 기준 침투제와 비교 침투제를 대비 시험편에 적용할 수 있다. 3. 검사 표준에 따라 침투제의 성능을 확인할 수 있다.
		2. 유화제 점검하기	1. 검사 표준에 따라 겉모양 검사와 유화제의 농도를 확인하여 유화제의 적합성을 점검할 수 있다. 2. 기준 유화제와 비교 유화제를 대비 시험편에 적용할 수 있다. 3. 검사 표준에 따라 유화제의 성능을 확인할 수 있다.
		3. 현상제 점검하기	1. 검사 표준에 따라 겉모양 검사와 농도를 확인하여 현상제의 적합성을 점검할 수 있다.

정보

필기과목명	주요항목	세부항목	세세항목
침투비파괴검사 실무	2. 침투비파괴검사 탐상제 점검	3. 현상제 점검하기	2. 기준 현상제와 비교 현상제를 대비 시험편에 적용할 수 있다.
			3. 검사 표준에 따라 현상제의 성능을 점검할 수 있다.
	3. 수세성 침투 비파괴검사	1. 수세성 침투 준비하기	1. 검사 표준에 따라 검사 기자재를 점검하여 검사 조건과 적합성을 확인할 수 있다.
			2. 검사 대상물 표면에 적합한 전처리를 실시할 수 있다.
		2. 수세성 염색 침투 실시하기	1. 염색 침투제 적용방법을 선정하여 검사 대상물에 적용할 수 있다.
			2. 검사 표준에 따라 물을 이용하여 과잉 침투제를 세척할 수 있다.
			3. 현상방법에 따라 현상제를 적용할 수 있다.
			4. 현상제 적용 후, 나타난 침투지시를 확인할 수 있다.
		3. 수세성 형광 침투 실시하기	1. 형광 침투제 적용방법을 선정하여 검사 대상물에 적용할 수 있다.
			2. 검사 표준에 따라 물을 이용하여 블랙라이트 아래에서 과잉 침투제를 세척할 수 있다.
			3. 현상방법에 따라 현상제를 적용할 수 있다.
			4. 현상제 적용 후, 블랙라이트 아래에서 나타난 침투지시를 확인할 수 있다.
	4. 친수성 후유화 침투 비파괴검사	1. 친수성 후유화 침투 준비하기	1. 검사 표준에 따라 검사 기자재를 점검하여 검사 조건과 적합성을 확인할 수 있다.
			2. 검사 대상물 표면에 적합한 전처리를 실시할 수 있다.
		2. 친수성 후유화 침투 실시하기	1. 침투제 적용방법을 선정하여 검사 대상물에 적용할 수 있다.
			2. 검사 표준에 따라 예비세척을 실시한 후, 유화제를 적용할 수 있다.
			3. 검사 표준에 따라 유화 시간 종료 후, 세척할 수 있다.
			4. 현상방법에 따라 현상제를 적용할 수 있다.
			5. 현상제 적용 후, 나타난 침투지시를 확인할 수 있다.
	5. 친유성 후유화 침투 비파괴검사	1. 친유성 후유화 침투 준비하기	1. 검사 표준에 따라 검사 기자재를 점검하여 검사 조건과 적합성을 확인할 수 있다.

필기과목명	주요항목	세부항목	세세항목
침투비파괴검사 실무	5. 친유성 후유화 침투 비파괴검사	1. 친유성 후유화 침투 준비하기	2. 검사 대상물 표면에 적합한 전처리를 실시할 수 있다.
		1. 친유성 후유화 침투 실시하기	1. 침투제 적용방법을 선정하여 검사 대상물에 적용할 수 있다.
			2. 검사 표준에 따라 유화제를 적용하고 유화 시간 종료 후, 세척할 수 있다.
			3. 현상방법에 따라 현상제를 적용할 수 있다.
			4. 현상제 적용 후, 나타난 침투지시를 확인할 수 있다.
	6. 용제 제거성 침투 비파괴검사	1. 용제 제거성 침투 준비하기	1. 검사 표준에 따라 검사 기자재를 점검하여 검사 조건과 적합성을 확인할 수 있다.
			2. 검사 대상물 표면에 적합한 전처리를 실시할 수 있다.
		2. 용제 제거성 염색 침투 실시하기	1. 염색 침투제 적용방법을 선정하여 검사 대상물에 적용할 수 있다.
			2. 용제를 이용하여 과잉 침투제를 제거할 수 있다.
			3. 현상방법에 따라 현상제를 적용할 수 있다.
			4. 현상제 적용 후, 나타난 침투지시를 확인할 수 있나.
		3. 용제 제거성 형광 침투 실시하기	1. 형광 침투제 적용방법을 선정하여 검사 대상물에 적용할 수 있다.
			2. 용제를 이용하여 블랙라이트 아래에서 과잉 침투제를 제거할 수 있다.
			3. 현상방법에 따라 현상제를 적용할 수 있다.
			4. 현상제 적용 후, 블랙라이트 아래에서 침투지시모양을 확인할 수 있다.
	7. 침투지시모양 평가	1. 침투지시모양 분류하기	1. 침투 비파괴검사 결과 나타난 침투지시를 의사지시와 관련지시로 구분할 수 있다.
			2. 구분된 지시를 검사 표준에 따라 분류할 수 있다.
		2. 침투지시 평가하기	1. 분류된 관련지시의 위치와 길이를 측정할 수 있다.
			2. 판정기준에 따라 측정된 관련지시의 합격 여부를 판정할 수 있다.
			3. 침투 비파괴검사 결과서를 작성할 수 있다.

정보

침투비파괴검사기사 출제기준(실기)

직무분야	안전관리	중직무분야	비파괴검사	자격종목	침투비파괴검사기사	적용기간	2025.01.01.~2028.12.31

○ 직무내용 : 액체의 표면장력에 기인한 모세관 현상을 이용하여 검사할 대상물을 손상시키지 아니하고 검사할 대상물에 존재하는 불완전성을 조사하고 판단하며 검사업무를 전반적으로 관리하는 직무이다.
○ 수행준거
  1. 침투탐상장비를 조작, 점검할 수 있다.
  2. 용접부나 각종 재료를 침투탐상장비를 이용하여 탐상하고, 결함 유무를 판별, 결함의 종류와 등급을 판정할 수 있다.
  3. 3. 보고서 및 절차서를 작성할 수 있다.

필기검정방법	복합형	시험시간	필답형 : 1시간 30분 작업형 : 30분~1시간 정도

필기과목명	주요항목	세부항목	세세항목
침투비파괴검사 실무	1. 침투비파괴검사 장비 점검	1. 고정식 검사 장비 점검하기	1. 장비 매뉴얼에 따라 점검절차를 확인할 수 있다.
			2. 점검 절차에 따라 적합한 측정기기와 기자재를 선정할 수 있다.
			3. 선정된 측정기기와 기자재를 활용하여 검사 적합성을 점검할 수 있다.
		2. 조사·조명 장치 점검하기	1. 검사 표준에 따라 조사·조명 장치의 점검에 필요한 측정기기를 선정할 수 있다.
			2. 선정된 측정기기를 활용하여 조사·조명 장치를 점검할 수 있다.
	2. 침투비파괴검사 탐상제 점검	1. 침투제 점검하기	1. 검사 표준에 따라 겉모양 검사를 실시하여 침투제의 적합성을 점검할 수 있다.
			2. 기준 침투제와 비교 침투제를 대비 시험편에 적용할 수 있다.
			3. 검사 표준에 따라 침투제의 성능을 확인할 수 있다.
		2. 유화제 점검하기	1. 검사 표준에 따라 겉모양 검사와 유화제의 농도를 확인하여 유화제의 적합성을 점검할 수 있다.
			2. 기준 유화제와 비교 유화제를 대비 시험편에 적용할 수 있다.
			3. 검사 표준에 따라 유화제의 성능을 확인할 수 있다.
		3. 현상제 점검하기	1. 검사 표준에 따라 겉모양 검사와 농도를 확인하여 현상제의 적합성을 점검할 수 있다.

필기과목명	주요항목	세부항목	세세항목
침투비파괴검사 실무	2. 침투비파괴검사 탐상제 점검	3. 현상제 점검하기	2. 기준 현상제와 비교 현상제를 대비 시험편에 적용할 수 있다.
			3. 검사 표준에 따라 현상제의 성능을 점검할 수 있다.
	3. 수세성 침투 비파괴 검사	1. 수세성 침투 준비하기	1. 검사 표준에 따라 검사 기자재를 점검하여 검사 조건과 적합성을 확인할 수 있다.
			2. 검사 대상물 표면에 적합한 전처리를 실시할 수 있다.
		2. 수세성 염색 침투 실시하기	1. 염색 침투제 적용방법을 선정하여 검사 대상물에 적용할 수 있다.
			2. 검사 표준에 따라 물을 이용하여 과잉 침투제를 세척할 수 있다.
			3. 현상방법에 따라 현상제를 적용할 수 있다.
			4. 현상제 적용 후, 나타난 침투지시를 확인할 수 있다.
		3. 수세성 형광 침투 실시하기	1. 형광 침투제 적용방법을 선정하여 검사 대상물에 적용할 수 있다.
			2. 검사 표준에 따라 물을 이용하여 블랙라이트 아래에서 과잉 침투제를 세척할 수 있다.
			3. 현상방법에 따라 현상제를 적용할 수 있다.
			4. 현상제 적용 후, 블랙라이트 아래에서 나타난 침투지시를 확인할 수 있다.
	4. 친수성 후유화 침투 비파괴검사	1. 친수성 후유화 침투 준비하기	1. 검사 표준에 따라 검사 기자재를 점검하여 검사 조건과 적합성을 확인할 수 있다.
			2. 검사 대상물 표면에 적합한 전처리를 실시할 수 있다.
		2. 친수성 후유화 침투 실시하기	1. 침투제 적용방법을 선정하여 검사 대상물에 적용할 수 있다.
			2. 검사 표준에 따라 예비세척을 실시한 후, 유화제를 적용할 수 있다.
			3. 검사 표준에 따라 유화 시간 종료 후, 세척할 수 있다.
			4. 현상방법에 따라 현상제를 적용할 수 있다.
			5. 현상제 적용 후, 나타난 침투지시를 확인할 수 있다.
	5. 친유성 후유화 침투 비파괴검사	1. 친유성 후유화 침투 준비하기	1. 검사 표준에 따라 검사 기자재를 점검하여 검사 조건과 적합성을 확인할 수 있다.

정보

필기과목명	주요항목	세부항목	세세항목
침투비파괴검사 실무	5. 친유성 후유화 침투 비파괴검사	1. 친유성 후유화 침투 준비하기	2. 검사 대상물 표면에 적합한 전처리를 실시할 수 있다.
		2. 친유성 후유화 침투 실시하기	1. 침투제 적용방법을 선정하여 검사 대상물에 적용할 수 있다.
			2. 검사 표준에 따라 유화제를 적용하고 유화시간 종료 후, 세척할 수 있다.
			3. 현상방법에 따라 현상제를 적용할 수 있다.
			4. 현상제 적용 후, 나타난 침투지시를 확인할 수 있다.
	6. 용제 제거성 침투 비파괴검사	1. 용제 제거성 침투 준비하기	1. 검사 표준에 따라 검사 기자재를 점검하여 검사 조건과 적합성을 확인할 수 있다.
			2. 검사 대상물 표면에 적합한 전처리를 실시할 수 있다.
		2. 용제 제거성 염색 침투 실시하기	1. 염색 침투제 적용방법을 선정하여 검사 대상물에 적용할 수 있다.
			2. 용제를 이용하여 과잉 침투제를 제거할 수 있다.
			3. 현상방법에 따라 현상제를 적용할 수 있다.
			4. 현상제 적용 후, 나타난 침투지시를 확인할 수 있다.
		3. 용제 제거성 형광 침투 실시하기	1. 형광 침투제 적용방법을 선정하여 검사 대상물에 적용할 수 있다.
			2. 용제를 이용하여 블랙라이트 아래에서 과잉 침투제를 제거할 수 있다.
			3. 현상방법에 따라 현상제를 적용할 수 있다.
			4. 현상제 적용 후, 블랙라이트 아래에서 침투지시모양을 확인할 수 있다.
	7. 침투지시모양 평가	1. 침투지시 분류하기	1. 침투 비파괴검사 결과 나타난 침투지시를 의사지시와 관련지시로 구분할 수 있다.
			2. 구분된 지시를 검사 표준에 따라 분류할 수 있다.
		2. 침투지시 평가하기	1. 분류된 관련지시의 위치와 길이를 측정할 수 있다.
			2. 판정기준에 따라 측정된 관련지시의 합격여부를 판정할 수 있다.
			3. 침투 비파괴검사 결과서를 작성할 수 있다.

차 례

CHAPTER 01 침투비파괴검사 산업기사/기사 실기필답 기출문제

01 침투비파괴검사의 기본 이론 ······ 12
02 침투처리 ······ 32
03 전처리 및 세척처리 등 ······ 52
04 유화처리 ······ 60
05 현상처리 ······ 65
06 관찰 ······ 77
07 건조처리 ······ 79
08 시험 기록 및 결함 분류 ······ 84
09 대비 시험편 ······ 104

CHAPTER 02 침투비파괴검사 산업기사/기사 실기 모의고사

01 침투비파괴검사산업기사 모의고사 ······ 124
02 침투비파괴검사기사 모의고사 ······ 144

침투비파괴검사산업기사/기사 실기

CHAPTER 01

침투비파괴검사 산업기사/기사 실기 필답 기출문제

CONTENTS

01 | 침투비파괴검사의 기본 이론
02 | 침투처리
03 | 전처리 및 세척처리 등
04 | 유화처리
05 | 현상처리
06 | 관찰
07 | 건조처리
08 | 시험 기록 및 결함 분류
09 | 대비 시험편

01 침투비파괴검사 기본 이론

문제 01
산업기사

침투비파괴검사를 자기비파괴검사와 비교하였을 때 장점에 대하여 4가지 쓰시오.

출제년도 : 18년 1회, 24년 4회

정답

① 금속, 비금속에 관계 없이 거의 모든 재료에 적용할 수 있다.
② 1회의 탐상조작으로 검사 대상체 전체를 탐상할 수도 있고, 결함 방향에 관계 없이 결함을 검출할 수 있다.
③ 액체의 탐상제를 사용하기 때문에 형상이 복잡한 검사 대상체라도 세밀한 부분의 결함도 탐상할 수 있다.
④ 결함이 확대되어 지각(Perception)하기 쉬운 색상, 밝기로 지시 모양이 나타나므로, 높은 확률로 결함을 검출할 수 있고, 결함 폭의 확대율이 높기 때문에 아주 미세한 결함도 쉽게 검출할 수 있다.

추가 답안

⑤ 어둡거나 밝아도 탐상할 수 있는 검사방법이 있으며, 검사 환경에 따라 검사방법을 선택할 수 있다.
⑥ 전기 및 수도 등의 설비를 필요로 하지 않는 휴대성이 좋은 검사방법도 있다.
⑦ 검사가 비교적 간단하여 교육 및 훈련을 받으면 비교적 숙련이 쉽다.

문제 02
기사

침투탐상검사 방법 및 침투지시의 분류(KS B 0816)에 따라 침투탐상검사를 수행할 때 검사 대상체의 표면이 개구부가 아닐 경우 탐상이 불가능한 단점을 제외한 나머지 단점에 대하여 3가지 쓰시오.

출제년도 : 18년 4회

정답

① 표면이 열려 있지 않다면 침투액의 침투하는 속도가 느려져 침투 시간 또한 길어진다.
② 후유화성 침투액을 적용할 경우 균일한 유화 처리가 어렵다.
③ 세척이 부적절하게 될 수 있다.

문제 03 기사

침투비파괴검사를 다른 비파괴검사와 비교하였을 때 단점에 대하여 4가지 쓰시오.

출제년도 : 16년 4회, 21년 1회, 22년 1회

정답

① 표면이 열려 있어도 그곳에 침투액의 침투를 방해하는 물, 기름 등의 액체나 금속, 비금속 개재물 등의 이물질로 채워져 있으면 결함을 검출할 수 없다. 즉, 표면이 열려 있지 않으면 검출이 불가능하다.
② 표면이 거친 검사 대상체나 다공성 재료는 충분한 배경을 얻을 수 없으며, 또한 적절한 탐상방법이 정립되어 있지 않다.
③ 손으로 하는 작업이 많아 검사원의 기량에 따라 검사 결과가 크게 좌우되기 쉽다.
④ 주변 영향 특히 온도의 영향을 많이 받는다.

추가 답안

⑤ 유지류, 유기용제 등 가연성 탐상제를 사용하므로 보관 및 작업할 때는 화기에 주의하고 환기에도 신경 써야 한다.
⑥ 결함의 깊이와 결함의 내부 형상을 알 수 없다.
⑦ 밀집되어 있는 결함이나 매우 근접해 있는 결함을 분리하여 결함지시 모양으로 나타내는 것은 일반적으로 곤란하다.

문제 04　　　　　　　　　　　　　　　　　　　　　　　　　　　　기사

침투탐상검사 방법 및 침투지시의 분류(KS B 0816)에서 침투탐상검사를 실시할 때 재현성과 신뢰성 향상을 위해 관리해야 하는 대상에 대하여 2가지 쓰시오.

출제년도 : 21년 1회

정답

① 탐상제
② 대비 시험편

문제 05　　　　　　　　　　　　　　　　　　　　　　　　　　　　기사

침투탐상검사의 침투액과 관련하여 모세관 현상의 정의에 대하여 쓰시오.

출제년도 : 22년 1회

정답

모세관 현상은 유리 등과 같은 고체에 접촉된 액체의 표면이 상승 또는 낮아지는 현상을 말한다.

문제 06　　　　　　　　　　　　　　　　　　　　　　　　　　　　기사

침투탐상검사에 있어서 모세관 현상에 관여하는 요인에 대하여 4가지 쓰시오.

출제년도 : 21년 4회

정답

① 표면장력　　　　　　　　　　② 접촉각
③ 유리관의 직경　　　　　　　④ 액체의 단위중량

문제 07 기사

침투탐상검사에 사용하는 침투액의 모세관 현상을 결정하는 요인에 대하여 4가지 쓰시오.

출제년도 : 22년 1회

정답

① 표면장력 ② 응집력
③ 접착력 ④ 점성

문제 08 산업기사

침투탐상검사에 있어서 침투액에 응용되는 원리이며 액체가 들어 있는 통 속에 양 끝이 막혀있지 않은 가는 유리관을 세웠을 때, 유리관 속 액체의 면이 관 밖의 액체 면보다 높아지거나 낮아지는 현상은 무엇인지 쓰시오.

출제년도 : 20년 3회

정답

모세관 현상

문제 09 산업기사

침투탐상검사에 있어서 침투액에 응용되는 모세관 현상에 관하여 쓰시오.

출제년도 : 21년 4회

정답

모세관 현상은 액체가 들어 있는 통 속에 양 끝이 막혀있지 않은 가는 유리관을 세웠을 때, 유리관 속 액체의 면이 관 밖의 액체 면보다 높아지거나 낮아지는 현상이다.

문제 10

기사

모세관 현상의 상승 높이와 유동속도를 나타내는 공식에 관하여 쓰시오.

출제년도 : 20년 3회, 22년 1회

정답

모세관 현상의 상승 높이(h) = $\dfrac{2\Gamma_{LG}\cos\theta}{r\rho g}$

유동속도(v) = $\dfrac{2r\rho g}{8\eta}$

※ Γ_{LG} : 액체 – 기체 사이의 표면장력, θ : 접촉각, ρ : 유체의 밀도, g : 중력가속도,

문제 11

산업기사

다음 (　) 안에 알맞은 내용을 쓰시오.

> 액체의 표면이 스스로 수축하여 표면적을 작게 하려는 성질인 응집력을 (①)이라 하고, 이 힘이 크면 검사 대상체 표면과 접촉각이 (②)하여 적심성이 저하된다.

출제년도 : 20년 3회

① 표면장력
② 증가

문제 12

산업기사

다음 ( ) 안에 알맞은 내용을 쓰시오.

> 침투속도는 표면장력이 클수록, 접촉각이 (①)높아지고, 밀도가 (②) 높아지고, 결함의 폭이 (②) 높아진다.

출제년도 : 23년 3회

① 작을수록
② 클수록

문제 13

기사

침투탐상검사 방법 및 침투지시의 분류(KS B 0816)에 따른 침투탐상장치가 갖추어야 할 최소한의 조건에 대해 4가지 쓰시오.

출제년도 : 16년 1회

정답

① 결함을 확실히 검출할 수 있어야 한다.
② 조작이 간단하고 안전하며 작업성이 우수해야 한다.
③ 검사를 신속하고 정확하게 실시할 수 있는 기능이 있어야 한다.
④ 장치와 사용하는 탐상제의 관리가 쉬워야 한다.

추가 답안

⑤ 내구성이 있으며 가격이 저렴해야 한다.
⑥ 설치형 탐상장치에서는 설치 면적이 불필요하게 크지 않아야 한다.

문제 14 기사

침투탐상검사 방법 및 침투지시의 분류(KS B 0816)에 따른 침투탐상검사에 사용하는 탐상장치에 대하여 4가지 쓰시오.

출제년도 : 22년 4회, 25년 1회

정답

① 전처리 장치
② 침투장치
③ 유화장치
④ 세척장치

추가 답안

⑤ 현상장치
⑥ 검사실
⑦ 건조장치
⑧ 후처리 장치

문제 15 산업기사

침투탐상검사에서 침투액의 점성 단위가 1[Poise]라고 한다면, 각 단위에 맞춰 환산하시오.

출제년도 : 22년 2회

정답

① $1[dyne \cdot s/cm^2]$
② $100[cP]$
③ $0.1[N \cdot s/m^2]$

문제 16 기사

침투탐상검사에 사용하는 침투액은 점도에도 영향을 받는데, 이 점도의 단위 변화에 대하여 다음을 쓰시오.

출제년도 : 21년 4회

정답

(1) $1[\text{Poise}] = 1[\text{g/cm} \cdot \text{s}] = 100[\text{cP}] = 0.1[\text{kg/m} \cdot \text{s}] = 100[\text{mPas}]$
(2) $1[\text{cP}] = 0.01[\text{g/cm} \cdot \text{s}] = 0.000672[\text{lbm/ft} \cdot \text{s}] = 2.42[\text{lbm/ft} \cdot \text{hr}]$

문제 17 기사

액체의 침투성에 직접적인 영향을 미치지 않는 밀도를 계산하는 공식에 관하여 쓰시오.

출제년도 : 16년 2회, 21년 4회

정답

$$밀도(\rho) = \frac{m(질량)}{V(부피)}$$

문제 18 기사

침투탐상검사 방법 및 침투지시의 분류(KS B 0816)에서 침투지시의 형광 또는 색채의 폭이나 휘도에 의해 불연속 깊이를 추정할 수 있는 이유에 대하여 쓰시오.

출제년도 : 24년 1회

정답

결함이 깊을수록 침투제가 더 많이 스며들어 표면으로 올라오며, 이에 따라 형광이나 색채의 폭과 휘도가 더 강하게 나타난다.

문제 19 산업기사

침투탐상검사 방법 및 침투지시의 분류(KS B 0816)에 따라 침투탐상검사를 하고자 할 때 다음의 검사 온도 범위에서는 침투시간은 어떻게 해야 하는지 쓰시오.

(1) 3~15[℃]일 때
(2) 50[℃]를 넘는 경우 또는 3[℃] 이하인 경우

출제년도 : 20년 2회

정답

(1) 온도를 고려하여 침투 시간을 늘릴 것
(2) 침투액 종류, 검사 대상체의 온도 등을 고려하여 침투 시간을 정할 것

문제 20 산업기사/기사

침투탐상검사 방법 및 침투지시의 분류(KS B 0816)에 따라 침투탐상검사 주변 표준온도 범위가 15~50[℃] 범위를 벗어났을 때는 어떤 조치를 해야 하는지 쓰시오.

출제년도 : 산업기사(20년 2회), 기사(17년 1회)

정답

3~15[℃] 범위에서는 온도를 고려하여 침투 시간을 늘리고, 50[℃]를 넘는 경우 또는 3[℃] 이하인 경우는 침투액의 종류, 검사 대상체의 온도 등을 고려하여 침투 시간을 정한다.

문제 21 〈기사〉

침투탐상검사 방법 및 침투지시의 분류(KS B 0816)에서 검사 대상체의 표면온도가 0[℃]일 경우 침투액에 대하여 다음을 쓰시오.

(1) 침투액에 미치는 영향
(2) 조치사항

출제년도 : 24년 2회

정답

(1) 침투액에 미치는 영향 : 침투속도가 느려진다.
(2) 조치사항 : 검사 대상체의 온도를 고려하여 침투 시간을 정한다.

문제 22 〈기사〉

보일러 및 압력용기에 대한 침투탐상검사(ASME Sec.V Art.6) 규격에서의 허용되는 시험 탐상제 및 검사 대상체의 표준온도 범위를 쓰시오.

출제년도 : 16년 4회, 20년 1 - 2회, 21년 4회, 25년 1회

정답

5~52[℃]

참고

KS B 0816 규격에서는 15~50[℃]로 규정되어 있다.

문제 23 _기사_

보일러 및 압력용기에 대한 침투탐상검사(ASME Sec.V Art.6) 규격에 따라 침투탐상검사를 할 때 허용되는 기준온도보다 낮은 경우 다음을 쓰시오.

출제년도 : 20년 1회, 24년 2회

(1) 영향

• 정답

① 점성이 높아져서 침투시간이 증가한다.
② 침투되더라도 침투액이 굳어서 표면으로 빠져나오기 어렵다.
③ 침투액이 빠져나오더라도 염색침투탐상의 경우, 점성이 높아서 침투액이 확대가 안 되므로 결함 검출 감도가 저하된다.

(2) 조치방법

• 정답

표준온도(5~52[℃])를 벗어날 경우, 액체침투 시험편을 이용하여 Mandatory Appendix III 요건에 따라 침투제 및 공정에 대한 인증이 필요하다.

(3) 제한하는 사항

• 정답

① 형광침투탐상검사 전에 염색침투탐상을 적용해서는 안 된다.
② 재검사 시 수세성 침투액을 사용하면 오염에 의한 의사 지시의 원인이 된다.
③ 그룹 또는 제조자가 서로 다른 침투액 탐상제를 혼합 사용해서는 안 된다.

문제 24 　기사

접촉각은 액체가 표면을 따라 흐를 때 접촉되는 곳에서의 각도를 측정하여 결정한다. 다음의 접촉각에서 침투력이 우수한 순서대로 쓰시오.

[보기]
① 0°　② 180°　③ 90°

출제년도 : 24년 1회

• 정답

① > ③ > ②

문제 25 　기사

침투탐상검사 방법 및 침투지시의 분류(KS B 0816)에서 불연속에 침투액이 침투되는 원리와 현상이 되는 원리에 대하여 각각 쓰시오.

출제년도 : 16년 2회, 20년 1회

(1) 침투원리

• 정답

모세관 현상 등에 의해 표면에 열린 미세한 터짐과 같은 불연속부 속으로 침투한다. 침투제가 불연속부로 따라 올라가는 거리는 1차적으로 액체의 표면장력과 적심성에 따라 결정되며 모세관 현상에 의한 상승작용은 유리관의 내경이 작아질수록 커진다.

(2) 현상원리

• 정답

불연속부 내에 들어 있는 침투제를 빨아내는 흡출작용 및 현상제가 흰색 바탕 색깔을 이루어 색채의 대비로 인한 가시성을 증대시킨다.

문제 26 [기사]

침투탐상검사 방법 및 침투지시의 분류(KS B 0816)에서 규정하고 있는 검사 대상체에 따른 침투시간에 대하여 쓰시오.

출제년도 : 16년 1회, 24년 2회

정답

(1) 알루미늄 주조품 : 5분
(2) 마그네슘 압출품 : 10분
(3) 플라스틱 : 5분

참고

재질	제품	흠집의 종류	모든 종류의 침투액	
			침투시간	현상시간
알루미늄, 마그네슘, 구리, 티타늄, 철강	주조품, 용접부	콜드셧(Cold Shut), 융합 불량, 기공, 균열	5	7
	압출품, 단조품, 압연품	겹침(Lap), 균열	10	7
카바이드 팁붙이 공구	–	융합 불량, 균열, 기공	5	7
플라스틱, 유리, 세라믹	모든 제품	균열	5	7

문제 27 [기사]

침투탐상검사 방법 및 침투지시의 분류(KS B 0816)에서 침투액의 침투 성능을 결정하는 적심성에 대하여 쓰시오.

출제년도 : 23년 2회

정답

적심성이 좋을수록 침투가 잘 되고, 적심성이 좋은 재료는 표면에 다소의 오염이 있어도 잘 퍼지며, 적심성이 나쁜 재료는 굳어 버린다.

문제 28 산업기사/기사

침투탐상검사 방법 및 침투지시의 분류(KS B 0816)에서 단조품을 침투탐상검사를 할 때 올바른 침투시간과 현상시간에 대하여 각각 쓰시오.

출제년도 : 산업기사(24년 1회, 24년 4회), 기사(24년 1회)

정답

(1) 침투시간 : 5분
(2) 현상시간 : 7분

문제 29 기사

침투탐상검사 방법 및 침투지시의 분류(KS B 0816)에서 규정하고 있는 현상제의 표준 현상시간에 대하여 쓰시오.

출제년도 : 21년 1회

정답

7분

문제 30 기사

침투탐상검사 방법 및 침투지시의 분류(KS B 0816)에서 침투탐상 시험장치는 대형 및 자동화 그리고 휴대용 등 종류가 다양한데, 그 중 기기 제작에 포함해야 하는 것에 대하여 4가지 쓰시오.

출제년도 : 16년 2회

정답

① 침투액 탱크
② 배액대
③ 유화액 탱크
④ 세척장치

추가 답안

⑤ 현상탱크
⑥ 건조장치
⑦ 형광은 암실과 자외선조사장치 추가

문제 31 〔기사〕

침투탐상검사 방법 및 침투지시의 분류(KS B 0816)에 따른 침투탐상장치가 갖추어야 할 최소한의 조건에 대해 4가지 쓰시오.

출제년도 : 16년 1회

정답

① 결함을 확실히 검출할 수 있어야 한다.
② 조작이 간단하고 안전하며 작업성이 우수해야 한다.
③ 검사를 신속하고 정확하게 실시할 수 있는 기능이 있어야 한다.
④ 장치와 사용하는 탐상제의 관리가 쉬워야 한다.

추가 답안

⑤ 내구성이 있으며 가격이 저렴해야 한다.
⑥ 설치형 탐상장치에서는 설치면적이 불필요하게 크지 않아야 한다.

문제 32

용접 작업에 있어서 고장력강을 용접 후 1일 이상 경과시킨 다음 침투탐상검사를 실시하는데, 그 이유에 대하여 쓰시오.

출제년도 : 23년 2회

정답

용접이 완료되고 난 후 수소취화에 의해 자연균열이 발생할 수 있으므로 1일 이상 경과된 다음 검사를 실시한다.

문제 33

용접부에 대한 침투탐상검사는 용접에 따른 공정 즉, 개선면에 대한 검사, 용접 중의 검사(뒷면 따내기면의 검사, 용접 중간층 표면의 검사), 용접 표면의 검사로 3단계로 행해지며, 용접을 보수한 후에 실시하는 보수검사가 있다. 개선면의 검사는 중요한 구조물의 후판 용접부에는 개신면에 대한 침투탐상검사기 행해진다. 다음의 내용에 알맞은 내용들을 쓰시오.

(1) 예상되는 결함
(2) 용접에 미치는 영향

출제년도 : 17년 4회, 23년 2회, 24년 1회

(1) 예상되는 결함

정답

라미네이션

추가 답안

균열, 블로 홀, 비금속 게재물

(2) 용접에 미치는 영향

정답

용접된 구조물의 개선면에 결함이 있을 때, 용접 시 가해진 열의 영향으로 인하여 성장할 우려가 있다.

추가 답안

용접했을 때 개선면에 있던 결함이 원인이 되어 용접금속 속에 균열이 발생할 우려가 있다.

문제 34 (기사)

침투탐상검사 방법 및 침투지시의 분류(KS B 0816)에서 시험시의 온도가 겨울철과 같은 0[℃] 이하인 저온에서 침투탐상검사 시 발생되는 문제점에 대하여 3가지 쓰시오.

출제년도 : 18년 4회

정답

① 점성이 높아져서 침투시간이 증가된다.
② 침투되더라도 침투액이 굳어서 표면으로 빠져나오기 어렵다.
③ 침투액이 빠져나오더라도 염색침투탐상의 경우, 점성이 높아서 침투액이 확대가 안 되므로 결함 검출 감도가 저하된다.

문제 35 (산업기사)

침투탐상검사에서 침투액의 점성이 침투력과 침투속도에 미치는 영향을 각각 쓰시오.

출제년도 : 19년 4회, 23년 1회

정답

(1) 침투력 : 점성은 침투력 자체에는 그다지 영향을 미치지 않는다.
(2) 침투속도 : 점성은 침투액의 물리적 성질 중 하나이며 액체의 고유적 성질로 침투액이 결함 속으로 침투하는 속도에 중요한 변수가 되며, 점성이 클수록 침투속도는 느려진다.

문제 36

침투탐상검사에서 우리의 눈으로 물체의 형태나 색깔이나 크기를 포착한다든지 감지하는 현상의 명칭에 대하여 쓰시오.

출제년도 : 20년 1회, 24년 2회

정답

지각현상

문제 37

침투탐상검사에서 사용되는 동점도(Kinematic Viscosity)에 대하여 쓰시오.

출제년도 : 20년 3회, 23년 2회

정답

동점도는 점도를 그 유체의 밀도로 나눈 것을 말한다. 이는 점도가 흐르는 유동상태에서 그 물질의 운동방향에 저항하는 끈끈한 정도를 절대적인 크기로 나타내는 것에 반해, 동점도는 얼마나 유동성이 좋은가 즉, 잘 흐를 수 있는 정도를 나타내는 상대적 지표를 말한다. 동점도의 단위는 cm^2/s = St이며, 물의 경우 20[℃]에서 동점도는 1[cSt] = 0.01[St]이다.

문제 38 *산업기사*

침투액의 유체 동점도가 10[m²/s]이고, 밀도가 1.5[kg/m³]일 때, 이 침투액의 점도는 얼마인지 계산과정과 답을 쓰시오.

출제년도 : 21년 1회, 24년 2회

정답

(1) 계산과정 : 계산식으로는 점도(μ) = 동점도(ν) × ρ(밀도)를 응용한다. 10[m²/s] × 1.5[kg/m³] = 15[kg/m·s]
(2) 15[kg/m·s]

문제 39 *산업기사*

보일러 및 압력용기에 대한 침투탐상검사(ASME Sec.V Art.6 T-621) 규격에서의 침투탐상검사 절차의 요건 중 비필수 변수에 대하여 3가지 쓰시오.

출제년도 : 21년 2회

정답

① 시험 요원의 자격인정 요건
② 시험해야 할 재료, 형상 또는 크기와 시험 범위
③ 시험 후처리 기법

문제 40 산업기사

침투탐상검사 방법 및 침투지시의 분류(KS B 0816)에서 검사방법의 선정을 위해 검사를 실시하기 전 먼저 검사 대상체에 고려해야 할 사항들에 대하여 5가지 쓰시오.

출제년도 : 22년 4회

정답

① 예측되는 흠집의 종류
② 예측되는 흠집의 크기
③ 검사 대상체의 용도
④ 표면 거칠기
⑤ 치수

추가 답안

⑥ 수량
⑦ 탐상제의 성질

02 침투 처리

문제 01 · 산업기사

수세성 형광 침투탐상을 침적법으로 검사를 수행할 때 해당 탐상법에 유리한 크기와 수량에 대하여 쓰시오.

(1) 유리한 크기
(2) 수량

출제년도 : 18년 1회, 24년 2회

정답

(1) 유리한 크기 : 소형(작은 부품) 제품 탐상에 적합하다.
(2) 수량 : 다량의 제품 탐상에 적합하다.

문제 02 · 산업기사

침투탐상검사의 방법 종류 중 수세성 형광 침투탐상검사의 단점에 대하여 2가지 쓰시오.

출제년도 : 21년 4회

정답

① 얕고 미세한 결함의 탐상이 어렵다.
② 과세척이 되기 쉽다.

추가 답안

③ 침투액에 수분이 혼입되면 성능이 현저히 떨어진다.
④ 전원 및 수도시설, 암실 및 자외선 조사 장치 등이 필요하다.

문제 03 산업기사

침투탐상검사 방법 및 침투지시의 분류(KS B 0816)에서 규정한 침투탐상검사에 쓰이는 침투액의 종류에 대하여 쓰시오.

출제년도 : 18년 1회, 23년 2회

정답

염색 침투액, 형광 침투액, 이원성 염색 침투액, 이원성 형광 침투액

문제 04 산업기사/기사

침투탐상검사 방법 및 침투지시의 분류(KS B 0816) 규격에서 규정하고 있는 이상적인 침투제의 조건에 대해 4가지 쓰시오.

출제년도 : 산업기사(21년 4회, 22년 4회), 기사(16년 1회, 21년 2회, 23년 1회)

정답

① 미세한 개구부에 쉽게 침투될 수 있어야 한다.
② 증발이나 건조가 너무 빠르지 않아야 한다.
③ 무독, 무취 및 화학적 변화가 적어야 한다.
④ 검사 대상체와 화학반응이 없어야 한다.

추가 답안

⑤ 인체에 해가 없어야 한다.
⑥ 과잉 침투액 제거가 용이해야 한다.
⑦ 바탕과 대비가 잘 되는 색 또는 형광을 갖고 있어야 한다.
⑧ 과잉 침투액의 제거 또는 세척처리를 해도 결함 내부에 간직하는 능력이 있어야 한다.

문제 05 기사

보일러 및 압력용기에 대한 침투탐상검사(ASME Sec.V Art.6) 규격에서 침투액을 적용하는 방법에 대하여 3가지 쓰시오.

출제년도 : 16년 2회, 19년 4회, 23년 4회

정답

① 담금법(Dipping)
② 솔질법 또는 붓칠법(Brushing)
③ 분무법(Spraying)

문제 06 산업기사/기사

침투탐상검사 방법 및 침투지시의 분류(KS B 0816)에서 규정하는 침투액의 적용방법에 대하여 3가지 쓰시오.

출제년도 : 산업기사(21년 2회), 기사(17년 4회, 20년 3회, 23년 2회)

정답

① 침지법
② 분무법
③ 붓칠법

● 추가 답안

④ 붓기법

문제 07 기사

침투탐상검사 방법 및 침투지시의 분류(KS B 0816)에서 침투액의 품질을 확인할 수 있는 시험 방법에 대하여 4가지 쓰시오.

출제년도 : 24년 2회

● 정답

① 표면장력
② 적심성
③ 점성
④ 밀도

문제 08 산업기사/기사

침투탐상검사 방법 및 침투지시의 분류(KS B 0816)에서 침투력을 결정하는 요소에 대하여 4가지 쓰시오.

출제년도 : 산업기사(24년 2회), 기사(16년 4회, 19년 1회, 24년 2회)

● 정답

① 침투액의 표면장력
② 침투액의 적심성
③ 결함의 종류 및 크기
④ 탐상면의 청결도

> **추가 답안**

⑤ 적심성
⑥ 검사 대상체의 재질
⑦ 표면 거칠기

문제 09 ·산업기사

침투탐상검사 방법 및 침투지시의 분류(KS B 0816)에서 규정한 유기화합물이 포함된 탐상제를 사용할 때 안전하게 사용하는 방법에 대하여 5가지 쓰시오.

출제년도 : 20년 2회

> **정답**

① 화기 근처에서 사용하지 말 것
② 직사광선에 노출되지 않도록 할 것
③ 환기 및 통풍시설을 갖춘 곳에서 사용할 것
④ 안전을 위해 필요에 따라 보안경, 보호장갑, 방독 마스크 등 안전장구류 등을 착용할 것
⑤ 다른 탐상제와 혼합되지 않도록 할 것

문제 10 ·기사

침투탐상검사 방법 및 침투지시의 분류(KS B 0816)에서 규정하는 압축가스(에어로졸)를 이용한 침투탐상제를 사용할 때 안전을 위해 주의해야 할 사항에 대하여 4가지 쓰시오.

출제년도 : 16년 4회, 21년 2회, 22년 1회

정답

① 에어로졸 제품은 가연성 및 불연성에 관계 없이 화기에 주의해야 한다.
② 보관할 때는 직사광선 및 화기에 멀리하여 많은 양을 보관하지 말아야 한다.
③ 온도가 낮아서 압력이 낮아졌을 때는 분사가 약해지므로 이런 경우에는 더운물 속에 넣어서 온도를 높인 후 사용해야 한다.
④ 온도가 50[℃] 이상이 되면 에어로졸 제품 내의 압력이 상승하여 폭발할 우려가 있으므로 주의해야 한다.

추가 답안

⑤ 인체에 사용해서는 안 되며, 환기 및 통풍이 잘되는 곳에서 사용해야 한다.
⑥ 사용이 끝난 탐상제는 구멍을 뚫어 가스를 빼고 폐기해야 한다.

문제 11 기사

침투탐상검사 방법 및 침투지시의 분류(KS B 0816)에서 규정한 수세성 침투탐상검사와 후유화성 침투탐상검사의 차이점에 대하여 쓰시오.

출제년도 : 24년 1회

정답

수세성 침투탐상검사는 물 세척을 쉽게 하려면 유화제가 첨가된 침투액을 사용하여 물을 뿌려주거나 물 분무에 의해 침투액을 유화시켜서 표면의 과잉 침투액을 세척한다.

후유화성 침투액 자체에는 유화제가 첨가되어 있지 않아, 수세성이 없어서 물 세척이 곤란하므로 침투처리 후, 유화제를 침투액이 도포된 면 위에 겹쳐서 적용해서 유화제가 과잉 침투액에 더해져서(유화처리) 탐상면의 과잉 침투액만을 물로 쉽게 세척할 수 있도록 한 다음, 물 세척을 하여 탐상면의 과잉 침투액을 세척한다.

문제 12 산업기사/기사

침투탐상검사 방법 중 다른 방법에 비해 폭이 넓고 얕은 결함에 대하여 검출 감도가 좋고 침투액이 수분이나 온도의 영향으로 저하되지 않으며, 자외선 조사 장치가 필요한 검사방법은 무엇인지 쓰시오.

출제년도 : 산업기사(20년 3회), 기사(17년 1회, 21년 4회)

정답

후유화성 형광 침투탐상검사

문제 13 기사

침투탐상검사 방법 및 침투지시의 분류(KS B 0816)에서 후유화성 형광침투탐상검사의 장점에 대하여 4가지 쓰시오.

출제년도 : 16년 1회, 22년 2회

정답

① 정확하게 유화처리를 하면 과세척 될 우려가 없다.
② 미세한 결함이나 비교적 폭이 넓고 얕은 결함의 검출에 적당하다.
③ 일반적으로 다른 방법에 비해 침투시간이 짧다.
④ 침투액은 수분의 혼입이나 온도의 영향에 의한 성능의 저하가 적다.

추가 답안

⑤ 침투액의 증발이 적기 때문에 개방형 침투액 통을 사용할 수 있다.

문제 14

침투탐상검사 방법 및 침투지시의 분류(KS B 0816)에서 후유화성 침투탐상검사가 수세성 침투탐상검사보다 결함 검출 성능이 더 우수한 이유에 대하여 쓰시오.

출제년도 : 21년 4회

정답

후유화성 형광 침투탐상검사는 결함 속의 침투액이 유성이기 때문에 유화제가 작용하지 않으면 수세성 침투탐상검사와 같이 쉽게 결함 속의 침투액이 세척되지 않는다. 세척이 안 된 상태를 그대로 유지하게 되므로, 침투탐상검사 방법 중에서 가장 결함 검출 감도가 높다.

문제 15

침투탐상검사의 방법의 종류 중 하전입자의 흡착성을 이용한 침투탐상검사 방법에 대하여 쓰시오.

출제년도 : 21년 4회

정답

정전기 현상을 이용하여 절연체 표면에 존재하는 미세한 균열을 검출하는 방법으로, 육안으로는 보이지 않을 정도로 작은 유리병의 균열을 검출하기 위하여 개발한 것이다.

유리나 도자기 및 전기 절연물 등의 결함 검출에 응용되고 있다. 대상 재료는 비다공질, 비전도성 재료인 유리, 도자기 및 플라스틱 등이다.

문제 16 〈기사〉

침투탐상검사 방법 및 침투지시의 분류(KS B 0816)에서 수도 및 전기 설비가 없는 장소에서 탐상이 가능하고 대형 구조물 탐상에도 적합한 침투탐상검사 방법을 쓰시오.

출제년도 : 21년 2회, 22년 2회, 24년 1회

● 정답

용제 제거성 염색침투탐상 – 속건식 현상법(VC – S)

문제 17 〈산업기사/기사〉

침투탐상검사 방법 및 침투지시의 분류(KS B 0816)에서 규정하는 VC – S 검사방법의 검사 순서에 대하여 쓰시오.

출제년도 : 산업기사(22년 2회), 기사(22년 2회)

● 정답

전처리 – 침투처리 – 제거처리 – 현상처리 – 관찰 – 후처리

문제 18 〈산업기사/기사〉

침투탐상 시험방법 및 침투지시 모양의 분류(KS B 0816)에서 용제 제거성 염색 침투액 – 속건식 현상법(VC – S)로 침투탐상검사를 수행할 때 검사 보고서에 작성해야 할 처리 방법에 대하여 4가지 쓰시오.

출제년도 : 산업기사(24년 4회), 기사(22년 4회)

- 정답

① 전처리 방법
② 침투액의 적용방법
③ 세척 방법 또는 제거 방법
④ 현상제의 적용방법

- 추가 답안

⑤ 건조 방법
⑥ 유화제의 적용 방법

문제 19 기사

침투탐상검사 방법 및 침투지시의 분류(KS B 0816)에서 용제 제거성 침투탐상검사의 장점에 대하여 3가지 쓰시오.

출제년도 : 24년 3회

- 정답

① 용제 제거성 염색 침투액을 이용하면 전원 및 수도시설이 불필요하다.
② 용제 제거성 염색 침투액은 현장이나 이동검사에 우수하다.
③ 대형 부품이나 주조물 부분 탐상에 적합하다.

- 참고

단점은 다음과 같다.
① 표면 조도가 거칠거나 복잡한 형상의 부품에는 부적합하다.
② 용제 제거성 형광 침투액은 세척처리가 곤란하고 과세척의 우려가 있어 결함 검출 감도가 저하되며 고도의 숙련을 요한다.
③ 용제 제거성 형광 침투액은 암실과 자외선조사장치가 필요하다.

문제 20 ㅤㅤㅤㅤㅤㅤㅤㅤㅤㅤㅤㅤㅤㅤㅤㅤㅤㅤ산업기사

침투탐상검사 방법 및 침투지시의 분류(KS B 0816)에서 용제 제거성 침투탐상검사를 할 때 주의해야 할 사항에 대하여 3가지 쓰시오.

출제년도 : 20년 1회

정답

① 과잉 침투액은 흡수성이 좋은 마른 헝겊이나 종이수건 등을 이용하여 닦아낸다.
② 깨끗한 마른 헝겊이나 종이수건에 유기용제를 적셔서 나머지 침투액을 닦아낸다.
③ 탐상면에 유기용제를 직접 적용해서는 안 되며, 잘못하면 결함 내부의 침투액까지 제거해 버릴 위험이 있으므로 과잉 침투액만을 제거하도록 해야 한다.

문제 21 ㅤㅤㅤㅤㅤㅤㅤㅤㅤㅤㅤㅤㅤㅤㅤㅤㅤㅤ기사

침투탐상검사 방법 및 침투지시의 분류(KS B 0816)에 따라 용제 제거성 침투탐상검사를 이용하여 시험 탐상면에 침투제를 적용 후 제거하려고 할 때 침투제를 제거하는 방법과 주의사항에 대하여 쓰시오.

출제년도 : 23년 1회

정답

(1) 침투제를 제거하는 방법 : 잔류 침투액은 깨끗한 천에 용제를 묻혀 닦아낸다.
(2) 주의사항 : 과세척 될 우려가 있으므로 세척액을 검사 표면에 직접 분사하는 것을 금지한다.

문제 22

침투탐상검사 방법 및 침투지시의 분류(KS B 0816)에서 수세성 형광 침투액을 적용하는 침투탐상검사법의 장점에 대하여 3가지 쓰시오.

출제년도 : 17년 1회, 20년 1회

정답

① 비교적 표면이 거친 검사 대상체에도 적용할 수 있다.
② 열쇠의 홈이나 나사부와 같이 복잡한 형상의 검사 대상체도 탐상이 가능하다.
③ 넓은 면적의 탐상면을 한 번의 조작으로 탐상할 수 있다.

추가 답안

④ 물로 쉽게 씻기므로, 다른 방법에 비해 검사비용이 적게 든다.
⑤ 소형, 대량 부품 탐상에 가장 적합하다.
⑥ 고감도 침투액을 사용하면 얕고 미세한 결함을 탐상할 수 있다.

문제 23

침투탐상검사 방법 및 침투지시의 분류(KS B 0816) 현상방법의 분류에 따라 FA-W 검사 기호의 의미와 검사방법에 대하여 쓰시오.

출제년도 : 21년 1회

정답

(1) FA-W : 수세성 형광 침투액 - 수현탁성 습식 현상제
(2) 검사방법 : 전처리 - 침투처리 - 세척처리 - 현상처리 - 건조처리 - 관찰 - 후처리

문제 24

침투탐상검사 방법 및 침투지시의 분류(KS B 0816)에서 규정하는 검사방법의 식별 표시방법인 DFA-W의 의미를 쓰시오.

출제년도 : 20년 3회, 24년 4회

정답

수세성 이원성 형광 침투액 – 수현탁성 현상법

문제 25

침투탐상검사 방법 및 침투지시의 분류(KS B 0816)에서 규정하는 검사방법 중 수세성 이원성 형광 침투액 – 속건식 현상법의 기호를 쓰시오.

출제년도 : 21년 4회

정답

DFA-S

문제 26

침투탐상검사 방법 및 침투지시의 분류(KS B 0816)에서 규정하는 검사방법의 식별표시 방법에서 용제 제거성 이원성 형광 침투액 – 속건식 현상법의 기호를 쓰시오.

출제년도 : 23년 3회

정답

DFC-S

문제 27 산업기사

침투탐상검사 방법 및 침투지시의 분류(KS B 0816)에서 규정하는 검사방법의 식별표시 방법에서 수세성 이원성 염색 침투액 – 습식 현상법(수현탁성 현상법)의 기호를 쓰시오.

출제년도 : 24년 2회

정답

DVA – W

문제 28 기사

침투탐상검사 방법 및 침투지시의 분류(KS B 0816)에서 규정하는 검사방법의 식별 표시방법인 DFA – S의 의미를 쓰시오.

출제년도 : 17년 1회, 25년 1회

정답

수세성 이원성 형광 침투액 – 속건식 현상법

문제 29 기사

침투탐상검사 방법 및 침투지시의 분류(KS B 0816)에서 규정하는 DFA – S 검사방법의 검사 순서에 대하여 쓰시오.

출제년도 : 19년 1회, 22년 1회

정답

전처리 – 침투처리 – 세척처리 – 현상처리 – 건조처리 – 관찰 – 후처리

문제 30 [기사]

침투탐상검사 방법 및 침투지시의 분류(KS B 0816)에서 규정하는 검사방법의 식별 표시방법인 FD-D의 의미와 검사 순서에 대하여 쓰시오.

출제년도 : 19년 1회, 22년 4회

정답

(1) 의미 : 후유화성(수성) 형광 침투액 – 건식 현상법
(2) 검사 순서 : 전처리 – 침투처리 – 예비세척처리 – 유화처리 – 세척처리 – 건조처리 – 현상처리 – 관찰 – 후처리

문제 31 [기사]

침투탐상검사 방법 및 침투지시의 분류(KS B 0816)에서 규정하는 FD-S 검사방법의 검사 순서에 대하여 쓰시오.

출제년도 : 24년 2회

정답

전처리 – 침투처리 – 예비세척처리 – 유화처리 – 세척처리 – 건조처리 – 현상처리 – 관찰 – 후처리

문제 32 [기사]

침투탐상검사 방법 및 침투지시의 분류(KS B 0816)에서 규정하는 DFA-D 검사방법의 검사 순서에 대하여 쓰시오.

출제년도 : 16년 1회, 23년 1회

정답

전처리 – 침투처리 – 세척처리 – 건조처리 – 현상처리 – 관찰 – 후처리

문제 33

침투탐상검사 방법 및 침투지시의 분류(KS B 0816)에서 규정하는 DFB – W 검사방법의 검사 순서에 대하여 쓰시오.

출제년도 : 20년 1 - 2회

정답

전처리 – 침투처리 – 유화처리 – 세척처리 – 현상처리 – 건조처리 – 관찰 – 후처리

문제 34

침투탐상검사 방법 및 침투지시의 분류(KS B 0816)에서 규정하는 검사방법의 식별 표시방법 중 이원성 형광 침투액의 기호를 쓰시오.

출제년도 : 17년 4회

정답

DF

문제 35 〔기사〕

침투탐상검사 방법 및 침투지시의 분류(KS B 0816)에서 규정하는 검사방법의 식별 표시방법 중 VC – S의 의미를 쓰시오.

출제년도 : 21년 2회

정답

용제 제거성 염색 침투액 – 속건식 현상법

문제 36 〔기사〕

침투탐상검사 방법 및 침투지시의 분류(KS B 0816)에서 규정하는 검사방법의 식별 표시방법 중 DFB – S의 의미를 쓰시오.

출제년도 : 22년 4회

정답

후유화성(유성) 이원성 형광 침투액 – 속건식 현상법

문제 37 〔산업기사〕

침투탐상검사 방법 및 침투지시의 분류(KS B 0816)에 따른 대비 시험편을 사용하여 침투액의 성능을 조사하였을 때 침투액을 폐기해야 하는 경우에 대하여 3가지 쓰시오.

출제년도 : 20년 3회

정답

① 침투액에 현저한 흐림이 발생한 경우
② 침투액의 세척성이 저하된 경우
③ 침투액에 침전물이 생겼을 경우

문제 38 (산업기사)

침투탐상검사 방법 및 침투지시의 분류(KS B 0816)에서 이원성 침투액을 이용한 탐상검사의 장점에 대하여 쓰시오.

출제년도 : 22년 2회

정답

이원성 침투액을 사용하는 탐상검사는 밝은 장소와 어두운 장소 양쪽 모두에서 관찰할 수 있다.

문제 39 (기사)

강제 석유저장탱크의 구조 – 전체용접부(KS B 6225)에 대한 침투탐상검사에서 석유저장탱크의 바닥면을 검사할 때 다음을 쓰시오.

(1) 현장에서 적절한 검사방법
(2) 침투액 제거 방법
(3) 검사의 순서

출제년도 : 22년 4회

정답

(1) 현장에서 적절한 검사방법 : 용제 제거성 염색 침투액 – 속건식 현상법(VC – S)
(2) 침투액 제거 방법 : 용제 제거에 의한 방법
(3) 검사의 순서 : 전처리 – 침투처리 – 제거처리 – 현상처리 – 관찰 – 후처리

문제 40 *기사*

오스테나이트 재질의 배관을 용제 제거성 침투탐상검사를 수행할 때 작업환경이 밀폐된 공간이며, 9[m] 높이에 배관이 위치하고, 배관의 표면온도가 39[℃]일 때 준수해야 할 주의사항에 대하여 3가지 쓰시오.

출제년도 : 21년 1회, 24년 1회

정답
① 밀폐된 공간이므로 환기장치를 구비할 것
② 가연성 제품이므로 화재에 주의할 것
③ 고소 작업이므로 안전 장구류를 착용할 것

문제 41 *산업기사*

침투탐상검사 방법 및 침투지시의 분류(KS B 0816)에서 규정하고 있는 용접부에 대한 침투탐상검사는 용접에 따른 공정에 따라 분류되는데, 적용되는 침투탐상검사의 종류에 대하여 3가지 쓰시오.

출제년도 : 20년 3회, 23년 2회

정답
① VC – S(용제 제거성 염색 침투액 – 속건식 현상법)
② FA – D(수세성 형광 침투액 – 건식 현상법)
③ FA – W(수세성 형광 침투액 – 습식 현상법)

문제 42 산업기사

침투탐상검사 방법 및 침투지시의 분류(KS B 0816)에서 규정하고 있는 용접부의 중요한 구조물에 있어서 후판 용접부의 개선면에 수행하는 침투탐상검사 방법에 대하여 쓰시오.

출제년도 : 23년 2회

• 정답

VC – S(용제 제거성 염색 침투액 – 속건식 현상법)

문제 43 산업기사

침투탐상검사 방법 및 침투지시의 분류(KS B 0816)에서 수세성 형광 침투액 – 수현탁성 현상법으로 탐상검사를 실시할 경우 다음 보기에서 필요로 하는 공정 및 장치들을 고르시오.

[보기]
① 자외선 조사 장치   ② 수도 설비   ③ 열풍 건조   ④ 세척액(용제)

출제년도 : 22년 2회

• 정답

①, ②, ③

03 세척처리 및 제거처리, 전처리 등

문제 01 산업기사

침투탐상검사 방법 및 침투지시의 분류(KS B 0816)에서 일반적으로 세척액에 요구되는 성질에 대하여 5가지 쓰시오.

출제년도 : 20년 2회, 21년 2회, 23년 4회

정답

① 세척성이 좋고 과잉 침투액 등을 쉽게 제거할 수 있어야 한다.
② 휘발성이 적당해야 한다.
③ 인화점이 높아야 한다.
④ 중성으로 부식성이 없어야 한다.
⑤ 독성이 적어야 한다.

문제 02 기사

침투탐상검사 방법 및 침투지시의 분류(KS B 0816)에 따라 검사 대상체에 침투액을 적용하기 전에 침투액이 흠집 내부에 침투하는 것을 방해하지 않도록 전처리로 제거해야 하는 오물에 대하여 3가지 쓰시오.

출제년도 : 23년 2회

정답

① 유지류
② 도료
③ 녹

추가 답안

④ 스케일
⑤ 오염

문제 03 (기사)

침투탐상검사 방법 및 침투지시의 분류(KS B 0816)에 따라 검사 대상체의 일부분을 검사할 때, 검사하는 부분의 가장자리로부터 바깥쪽으로 얼마 이상의 범위로 전처리를 실시해야 하는지에 대하여 쓰시오.

출제년도 : 17년 2회

정답

25[mm]

문제 04 (기사)

침투탐상검사 방법 및 침투지시의 분류(KS B 0816)에서 전처리가 불량할 경우 발생되는 현상에 대하여 쓰시오.

출제년도 : 21년 2회

정답

검사 대상체 표면에 이물질이 부착되어 있으면 배경을 나쁘게 하여 의사지시를 발생시키는 원인이 되기도 하며, 부착되어 있는 양이 많으면 침투액을 오염시키기도 한다.

문제 05 산업기사

침투탐상검사 방법 및 침투지시의 분류(KS B 0816)에서 규정한 형광 침투액을 사용할 때 수온 범위에 대하여 쓰시오.

출제년도 : 17년 1회, 19년 1회

정답

10~40[℃]

문제 06 기사

침투탐상검사 방법 및 침투지시의 분류(KS B 0816)에서 규정하고 있는 세척수의 수온과 수압에 대하여 각각 쓰시오.

출제년도 : 17년 1회, 19년 1회

정답

(1) 수온 : 10~40[℃]
(2) 수압 : 275[kPa] = 40[PSI]

문제 07 기사

보일러 및 압력용기에 대한 침투탐상검사(ASME Sec.V Art.6) 규격에서 규정하고 있는 세척수의 수온과 수압에 대하여 각각 쓰시오.

출제년도 : 20년 1회, 21년 1회

정답

(1) 수온 : 43[°C] = 110[°F]
(2) 수압 : 345[kPa] = 50[PSI]

문제 08

침투탐상검사 방법 및 침투지시의 분류(KS B 0816)에 따라 용제 제거성 침투탐상검사를 적용할 때 과잉 침투액을 제거처리할 때의 주의사항에 대하여 2가지 쓰시오.

출제년도 : 21년 4회

정답

① 마른 헝겊으로 탐상면의 침투액을 닦아낸다. 이 공정에서 과잉 침투액의 대부분을 제거한다.
② 다른 마른 헝겊에 세척액을 묻혀서 탐상면에 남아 있는 침투액을 닦아낸다. 이때 세척액을 너무 많이 적시면 과세척이 될 우려가 있다.

문제 09

침투탐상검사 방법 및 침투지시의 분류(KS B 0816)에서 규정하는 침투액의 제거 방법에 대하여 4가지 쓰시오.

출제년도 : 산업기사(19년 1회, 21년 1회), 기사(16년 1회, 18년 4회, 19년 4회, 22년 1회, 22년 2회)

정답

① 수세에 의한 방법
② 유성 유화제를 사용하는 후유화성 방법
③ 용제 제거에 의한 방법
④ 수성 유화제를 사용하는 후유화성 방법

문제 10

침투탐상검사 방법 및 침투지시의 분류(KS B 0816)에서는 전처리를 수행할 때 표면 오염물을 유기물질, 페인트, 고형물질 및 화학물질로 분류된다. 다음의 오염물질별로 구체적인 물질명과 조치사항에 대해 쓰시오.

[보기]
(1) 유기물질   (2) 페인트
(3) 고형물질   (4) 화학물질

출제년도 : 18년 4회

정답

(1) 유기물질 : 기름, 그리스 및 유지류가 있으며 개구부에 침투되는 것을 방해하고 의사지시를 나타내므로 결함지시와 혼동이 된다.
(2) 페인트 : 도료, 도막 등이 있으며 결함의 입구를 폐쇄하여 침투액이 결함 속으로 침투되지 못하게 한다.
(3) 고형물질 : 녹, 스케일 등이 있으며 자외선 아래에서 형광을 발하거나 고형물질에 침투액이 붙어 의사지시를 나타내므로, 결함 식별성을 저하시킨다.
(4) 화학물질 : 아세트산, 알코올 등이 있으며, 침투액과 화학반응을 일으켜 형광휘도를 저하시키고 결함 검출감도를 저하시킨다.
(5) 조치사항 : 용제에 의한 세척, 증기세척, 도막 박리제, 알칼리 세척, 산세척 등의 방법으로 전처리를 수행한다.

문제 11 기사

침투탐상검사 방법 및 침투지시의 분류(KS B 0816) 규격에 따라 다음의 이물질들에 따른 올바른 전처리 방법들을 보기에서 골라 각각 3가지씩 쓰시오.

[보기]
세제, 샌드 블라스팅, 알칼리 용액, 고온 가열, 용제, 그라인딩

출제년도 : 21년 1회

정답

(1) 녹 제거에 쓰이는 전처리 방법 : 샌드 블라스팅, 그라인딩, 용제
(2) 유기물 제거에 쓰이는 전처리 방법 : 알칼리 용액, 세제, 고온 가열

문제 12 기사

보일러 및 압력용기에 대한 침투탐상검사(ASME Sec.V Art.24 SE-165) 규격에서 산 에칭으로 전처리를 실시한 다음 침투액을 적용하기 전 부식 방지를 위한 조치방법에 대하여 쓰시오.

출제년도 : 24년 1회

정답

에칭액이 전혀 없도록 헹구고 표면은 중화시킨 다음 침투액을 적용하기 전 열을 이용하여 완전히 건조시켜야 한다.

문제 13 산업기사

침투탐상검사 방법 및 침투지시의 분류(KS B 0816)에 따라 전처리 방법에서 기계적 방법의 종류에 대하여 5가지 쓰시오.

출제년도 : 19년 1회, 21년 2회, 24년 1회

정답

① 연마기(Grinder) 사용
② 와이어 브러시(Wire Brush) 사용
③ 샌드 페이퍼(Sand Paper) 사용
④ 샌드 블라스팅(Sand Blasting)
⑤ 그리트 블라스팅(Grit Blasting)

문제 14 산업기사

침투탐상검사 전처리 시 결함 내부에 세척 물질이 들어가지 않도록 주의해야 하는 이유에 대하여 3가지 쓰시오.

출제년도 : 20년 3회

정답

① 침투액이 결함 내부로 침투하지 못해 결함 검출이 불가능하다.
② 실제 결함이 있음에도 불구하고 검출되지 않는 의사지시가 발생될 수도 있다.
③ 시험 결과의 신뢰성과 재현성을 떨어뜨릴 수 있다.

문제 15

침투탐상검사 방법 및 침투지시의 분류(KS B 0816)에서 처리량이 많은 소형의 생산부품에 대한 검사 및 주조품과 같이 표면이 거칠거나 비교적 복잡한 형상의 검사 대상체를 세척하는 방법에 대하여 쓰시오.

출제년도 : 21년 4회

정답

수세에 의한 방법으로 세척한다.

04 유화처리

문제 01 산업기사

침투탐상검사 방법 및 침투지시의 분류(KS B 0816)에 따라 침투탐상검사에 있어서 유화처리를 하기 전에 검사 대상체를 예비세척하는 이유와 유성 유화제를 사용할 경우 염색 침투액과 형광 침투액의 유화 시간에 대하여 각각 쓰시오.

출제년도 : 18년 1회, 24년 1회

정답

(1) 예비세척을 하는 이유 : 유화조 및 배액대의 오염을 최소화하기 위함이다.
(2) 유성 유화제 사용 시
　① 염색 침투액 유화 시간 : 30초
　② 형광 침투액 유화 시간 : 3분

문제 02 산업기사

침투탐상검사 방법 및 침투지시의 분류(KS B 0816)에 따라 침투탐상검사에 사용하는 유화제의 일반적인 필요 조건에 대하여 5가지 쓰시오.

출제년도 : 18년 4회

정답

① 인화점이 높을 것
② 세척성이 좋을 것
③ 침투성이 낮을 것
④ 화학적 안정성이 있을 것
⑤ 후유화성 침투액과 서로 잘 녹을 것

문제 03

기사

침투탐상검사 방법 및 침투지시의 분류(KS B 0816)에 따른 유화제 점검방법에 대하여 2가지 쓰시오.

출제년도 : 17년 1회, 21년 1회

정답

① 사용 중인 유화제의 성능을 점검하여 유화 성능의 저하가 인정되면 폐기한다.
② 사용 중인 유화제의 겉모양을 점검하여, 현저한 흐림이나 침전물이 생겼거나 또는 점도의 상승에 의해 유화 성능의 저하가 인정되면 폐기한다.

추가 답안

③ 사용 중인 수성 유화제의 농도를 굴절계 등으로 측정하여, 규정 농도와의 차이가 3[%] 이상이면 폐기하거나 규정 농도에 맞도록 조정한다.

문제 04

기사

침투탐상검사 방법 및 침투지시의 분류(KS B 0816)에서 사용하는 수성 유화제를 시험하는 방법에 대하여 4가지 쓰시오.

출제년도 : 21년 4회

정답

① 후유화성 염색침투탐상검사
② 후유화성 형광침투탐상검사
③ 이원성 염색침투탐상검사
④ 이원성 형광침투탐상검사

문제 05

침투탐상검사 방법 및 침투지시의 분류(KS B 0816)에서 유화제를 사용하는 목적에 대하여 쓰시오.

출제년도 : 16년 1회, 19년 4회, 22년 2회

정답

과잉 침투액을 물 세척이 가능한 상태로 만드는 탐상 작업이다.

문제 06

침투탐상검사 방법 및 침투지시의 분류(KS B 0816)에서 침투액에 따라 규정하고 있는 유성 유화제의 올바른 유화 시간에 대하여 쓰시오.

출제년도 : 17년 4회, 24년 3회

정답

유성 유화제는 형광 침투액 3분 이내, 염색 침투액 30초 이내로 규정한다.

문제 07

침투탐상검사 방법 및 침투지시의 분류(KS B 0816)에서 침투액에 따라 규정하고 있는 수성 유화제의 올바른 유화 시간에 대하여 쓰시오.

출제년도 : 17년 4회, 24년 3회

정답

수성 유화제는 형광 침투액과 염색 침투액 모두 2분 이내로 규정한다.

문제 08 산업기사

침투탐상검사 방법 및 침투지시의 분류(KS B 0816)에서 유화 시간을 달리할 수 있는 인자에 대하여 5가지 쓰시오.

출제년도 : 22년 4회

정답

① 예측되는 흠집의 종류
② 유화제의 종류
③ 침투액의 종류
④ 온도
⑤ 검사 대상체의 표면 거칠기

문제 09 기사

침투탐상검사 방법 및 침투지시의 분류(KS B 0816)의 유화제에 대한 내용이다. 다음을 쓰시오.

(1) 유화 시간의 정의
(2) 유화 시간이 너무 긴 경우
(3) 유화 시간이 너무 짧은 경우

출제년도 : 16년 2회, 20년 1회, 23년 4회

정답

(1) 유화 시간의 정의 : 유화제를 적용시킨 후 세척처리 전까지의 시간을 말한다.
(2) 유화 시간이 너무 긴 경우 : 유화제가 결함 속에 있는 침투액까지 작용하여 과세척되기 쉽고 결과적으로 결함 검출 능력을 저하시킨다.
(3) 유화 시간이 너무 짧은 경우 : 세척이 불충분하게 되어 과도한 배경 지시가 형성되어 결함의 식별성을 저하시킨다.

문제 10 [산업기사]

침투탐상검사 방법 및 침투지시의 분류(KS B 0816)에서 침투처리와 유화처리 그리고 습식현상 처리에 필요로 하는 배액처리를 하는 목적에 대하여 2가지 쓰시오.

출제년도 : 22년 4회

정답

① 검사 대상체 표면의 일부분에 액이 남아있지 않도록 하기 위함이다.
② 과잉 침투액을 제거하고 침투액의 균일한 도포를 형성시켜 세척을 용이하게 한다.

문제 11 [산업기사]

침투탐상검사 방법 및 침투지시의 분류(KS B 0816)에서 규정하는 유화제의 적용 방법 중 붓칠법으로 유화제를 적용하지 않는 이유에 대하여 쓰시오.

출제년도 : 24년 4회

정답

붓칠법은 침투액과 유화제가 서로 불균일하게 혼합되므로 권장하지 않는다.

05 현상처리

문제 01 산업기사

침투탐상검사 방법 및 침투지시의 분류(KS B 0816)에서 탐상제 중 침투액을 표면에 끌어올리고 명암 대비를 도와주는 탐상제를 쓰시오.

출제년도 : 18년 1회

정답

현상제

문제 02 산업기사

침투탐상검사 방법 및 침투지시의 분류(KS B 0816)에서 규정하고 있는 침투탐상검사에 쓰이는 현상제의 종류에 대하여 2가지 쓰시오.

출제년도 : 20년 1회

정답

① 건식 현상제
② 속건식 현상제

추가 답안

③ 습식 현상제(수용성, 수현탁성)
④ 특수 현상제

문제 03 　　　　　　　　　　　　　　　　　　　　　　　　　　　　　기사

침투탐상검사 방법 및 침투지시의 분류(KS B 0816)에서 사용하는 현상제의 역할에 대하여 3가지 쓰시오.

출제년도 : 19년 1회

정답

① 표면 개구부로부터 침투제를 빨아내는 흡출 작용
② 침투제가 퍼지고 분산할 수 있게 하는 작용
③ 배경 색깔과 혼동을 방지하는 작용

문제 04 　　　　　　　　　　　　　　　　　　　　　　　　　　　　　기사

침투탐상검사 방법 및 침투지시의 분류(KS B 0816)에 따른 현상제의 점검 방법에 대하여 2가지 쓰시오.

출제년도 : 21년 2회

정답

① 사용 중인 건식 현상제의 겉모양을 점검하여, 현저한 형광의 잔류가 나타나거나 또는 응집 입자가 생기고 현상 성능의 저하가 인정되면 폐기한다.
② 사용 중인 습식 현상제의 겉모양을 점검하여, 현저한 형광의 잔류가 나타나거나 또는 적정 농도를 유지하지 못하고 현상 성능의 저하가 인정되면 폐기한다.

추가 답안

③ 사용 중인 현상제의 성능을 점검하여 부착 상태가 균일하지 않게 되었거나 또는 침투지시의 식별성이 저하되고 현상 성능의 열화가 인정되면 폐기한다.

문제 05 산업기사

침투탐상검사 방법 및 침투지시의 분류(KS B 0816)에서 규정하고 있는 침투탐상검사에 쓰이는 현상법의 종류에 대하여 5가지 쓰시오.

출제년도 : 20년 2회, 21년 4회

정답

① 건식 현상제(D)
② 속건식 현상제(S)
③ 수용성 습식 현상법(A)
④ 수현탁성 습식 현상법(W)
⑤ 특수 현상법(E)

문제 06 산업기사

침투탐상시험방법 및 침투지시모양의 분류(KS B 0816)에서 사용하는 현상제의 명칭과 적용 방법에 대하여 다음의 표에 작성하시오.

출제년도 : 25년 1회

정답

명 칭	방 법	기 호
건식 현상법	건식 현상제를 사용하는 방법	D
습식 현상법	수용성 현상제를 사용하는 방법	A
	수현탁성 현상제를 사용하는 방법	W
속건식 현상법	속건식 현상제를 사용하는 방법	S
특수 현상법	특수한 현상제를 사용하는 방법	E
무현상법	현상제를 사용하지 않는 방법	N

문제 07   산업기사

침투탐상검사 방법 및 침투지시의 분류(KS B 0816)에서 규정하고 있는 침투탐상검사에 쓰이는 현상법의 종류 중 무현상법의 원리에 대하여 쓰시오.

출제년도 : 22년 4회

정답

가열에 의한 결함 속의 침투액이나 공기의 팽창 또는 검사 대상체에 가해지는 기계적인 힘에 의해 결함부에 압축응력이 가해지면 결함 체적이 축소되어 침투액이 표면으로 나오는 현상 등을 이용하여 결함 속 침투액을 외부로 흡출시켜 결함지시모양을 형성한다.

문제 08   기사

침투탐상검사 방법 및 침투지시의 분류(KS B 0816)의 현상방법 분류에 따라 특수 현상제의 기호를 쓰시오.

출제년도 : 20년 1회

정답

E

문제 09   기사

침투탐상검사 방법 및 침투지시의 분류(KS B 0816)의 현상방법 분류에 따라 수현탁성 현상제의 기호를 쓰시오.

출제년도 : 16년 2회

정답

W

문제 10

침투탐상검사 방법 및 침투지시의 분류(KS B 0816)의 현상방법 분류에 따라 수용성 현상제의 기호를 쓰시오.

출제년도 : 20년 3회

정답

A

문제 11

침투탐상검사 방법 및 침투지시의 분류(KS B 0816)의 현상방법 분류에 따라 속건식 현상제의 기호를 쓰시오.

출제년도 : 18년 2회

정답

S

문제 12

침투탐상검사 방법 및 침투지시의 분류(KS B 0816)에서 규정한 속건식 현상제의 표준 현상시간에 대하여 쓰시오.

출제년도 : 24년 2회

정답

7분

문제 13

보일러 및 압력용기에 대한 침투탐상검사(ASME Sec.V Art.6) 규격에서 건식 현상법의 적용 방법과 적용 조건에 대하여 쓰시오.

출제년도 : 20년 1회

정답

(1) 적용 방법 : 부드러운 솔, 수동식 분무기, 분말 살포기
(2) 적용 조건 : 표면 전체에 균일하게 도포될 수 있도록 건조된 표면에만 적용한다.

문제 14

침투탐상검사를 수행할 때 염색 침투액을 건식 현상법 또는 무현상법과 함께 쓰이지 않는다. 다음에 대하여 쓰시오.

(1) 건식 현상법과 함께 쓰이지 않는 이유
(2) 무현상법과 함께 쓰이지 않는 이유

출제년도 : 22년 1회

정답

(1) 건식 현상법과 함께 쓰이지 않는 이유 : 탐상면이 백색의 배경을 형성시키지 않으므로 결함과의 대비가 잘 안되어 충분한 식별성의 지시 모양을 나타내지 못하므로 결함 검출이 어렵기 때문이다.
(2) 무현상법과 함께 쓰이지 않는 이유 : 현상제를 따로 적용하지 않아 백색의 배경을 형성시키지 않으므로 일반적으로 형광 휘도가 높은 고감도 형광 침투액과 조합하여 쓰인다.

문제 15 〔산업기사〕

침투탐상검사 방법 및 침투지시의 분류(KS B 0816)의 현상방법의 분류에 따라 수현탁성 현상제를 사용하는 현상법의 명칭을 쓰시오.

출제년도 : 19년 4회

정답

습식 현상제

문제 16 〔기사〕

침투탐상검사 방법 및 침투지시의 분류(KS B 0816)에서 사용하는 습식 현상제의 종류를 쓰고 각각의 현상제에 대하여 쓰시오.

출제년도 : 19년 2회, 23년 4회

정답

(1) 수용성 현상제 : 물에 용해되어 있는 형태의 현상제로써, 물에 용해된 시점에서는 투명하지만, 도포된 면을 건조시키면 백색의 얇은 도막이 만들어진다. 배경이 되는 백색의 현상도막은 수현탁성 현상제보다 흐리기 때문에 주로 형광 침투액과 조합하여 사용한다.

(2) 수현탁성 현상제 : 백색의 미세분말(Bentonite)에 습윤제, 분산제 등을 혼합시킨 것으로, 적당한 양의 물에 적정한 농도(물 1[L]에 분말 60[g]의 비율로 배합이 표준)로 현탁하여 사용한다. 사용할 때는 계속적으로 교반되는 개방형 현상제 통 속에 검사 대상체를 담금법으로 적용한다. 분무법이나 붓기법으로도 적용하지만 그다지 사용되지는 않는다. 주로 수세성 침투탐상검사와 조합하여 사용한다.

문제 17 기사

염색 침투액과 습식 현상법을 함께 사용하는 검사 방법을 적용할 때 고려해야 할 사항에 대하여 3가지 쓰시오.

출제년도 : 19년 4회, 22년 1회

정답

① 탐상면이 어느 정도 하얀색인 검사 대상체에 적용할 것
② 결함 지시 모양의 지각성이 나쁘므로 사용 시 충분히 성능을 확인한 후 적용할 것
③ 밀폐된 공간에서 압축가스로 인한 사고 위험 가능성이 있으므로 주의할 것

문제 18 산업기사/기사

침투탐상검사 방법 및 침투지시의 분류(KS B 0816)에서 일반적으로 현상제에 요구되는 성질에 대하여 3가지 쓰시오.

출제년도 : 산업기사(23년 2회), 기사(24년 1회)

정답

① 침투액의 흡출 능력이 강한 미세분말이어야 한다.
② 분산성이 좋아서 탐상면에 얇고 균일하게 도포할 수 있어야 한다.
③ 화학적으로 안정되어야 한다.

추가 답안

④ 중성으로 검사 대상체에 대한 부식성이 없어야 한다.
⑤ 독성이 적어야 한다.
⑥ 적용하기 쉬워야 한다.
⑦ 탐상면 또는 결함부에 부착성이 좋으며, 현상도막은 제거하기 쉬워야 한다.
⑧ 자외선에 의해 형광을 발하지 않아야 한다.
⑨ 속건식 현상제 및 습식 현상제의 경우에는 현탁성이 좋아야 한다.

⑩ 염색 침투탐상검사에 사용하는 것은 바탕색을 숨길 수 있는 백색이어야 한다.
⑪ 건식 현상제는 투명도가 있는 것을 사용해야 한다.

문제 19 산업기사

침투탐상검사 방법 및 침투지시의 분류(KS B 0816)의 현상방법에서 현상제를 많이 적용하였을 때 검사에 영향을 미치는 결과에 대하여 2가지 쓰시오.

출제년도 : 21년 4회

정답

① 도포막이 과도하게 두꺼운 경우 지시가 희미하게 되어 정확한 판독이 어렵다.
② 너무 두껍게 도포하면 식별성이 현저하게 떨어져서 미세한 결함을 검출할 수 없다.

문제 20 기사

침투탐상검사 방법 및 침투지시의 분류(KS B 0816)에 따라 현상제를 적용하였을 때 다음과 같이 적용된 경우에 대하여 각각 쓰시오.

(1) 현상제가 많이 적용된 경우
(2) 현상제가 적게 적용된 경우

출제년도 : 23년 4회

정답

(1) 현상제가 많이 적용된 경우 : 도포막이 과도하게 두꺼운 경우 지시가 희미하게 되어 정확한 판독이 어렵다. 너무 두껍게 도포하면 식별성이 현저하게 떨어져서 미세한 결함을 검출할 수 없기 때문이다.
(2) 현상제가 적게 적용된 경우 : 도포막이 너무 얇으면 지시를 가시화하기에 충분한 침투제를 흡출하지 못한다.

문제 21 　　　　　　　　　　　　　　　　　　　　　　　　　　　　　　　기사

침투탐상검사 방법 및 침투지시의 분류(KS B 0816)에 따라 사용 중인 현상제의 점검 방법과 폐기해야 하는 경우에 대하여 쓰시오.

출제년도 : 18년 4회

정답

(1) 점검 방법 : 사용 중인 현상제를 대비 시험편의 각각의 면에 적용하여 얻어진 침투지시 모양을 비교한다.
(2) 폐기해야 하는 경우 : 사용 중인 현상제의 성능을 점검하여 부착 상태가 균일하지 않게 되었거나 또는 침투지시의 식별성이 저하되고 현상 성능의 열화가 인정되면 폐기한다.

문제 22 　　　　　　　　　　　　　　　　　　　　　　　　　　　　　　　기사

침투탐상검사 방법 및 침투지시의 분류(KS B 0816)에서 에어로졸 제품의 현상제에 압력이 저하되는 현상이 발생했을 경우 폐기해야 하는 이유에 대하여 쓰시오.

출제년도 : 16년 4회

정답

에어로졸 제품의 압력이 저하되면 현상제의 분사력이 약해지므로 검사 대상체 표면을 적절하게 도포할 수 없어 올바른 기능을 발휘하지 못한다.

문제 23 　　　　　　　　　　　　　　　　　　　　　　　　　　　　　　　산업기사

침투탐상검사 방법 및 침투지시의 분류(KS B 0816)에서 건식 현상제를 사용하여 탐상할 경우 작업자가 주의해야 할 사항과 이에 대한 대책방법을 간단히 쓰시오.

출제년도 : 19년 1회

• 정답

(1) 작업자가 주의해야 할 사항 : 건식 현상제는 비중이 낮은 백색 미세분말을 그대로 사용하므로 작업자의 호흡기로 유입될 위험성이 있다.
(2) 대책방법 : 환기시설을 갖춘 곳에서 작업을 수행하거나 방독 마스크를 착용하여 탐상을 수행한다. 밀폐형 현상장치를 사용하는 것도 방법이다.

문제 24 산업기사

침투탐상검사 방법 중 윙크 자이글로(Wink Gyglo Method)로 이용하여 제트엔진 부품을 탐상할 경우 함께 쓰이는 현상법을 쓰시오.

출제년도 : 20년 1회

• 정답

별도로 현상법을 적용하지 않아도 된다.(무현상법)

문제 25 산업기사

침투탐상검사 방법 및 침투지시의 분류(KS B 0816)에서 규정하고 있는 건식 현상제의 입자 직경 크기에 대하여 쓰시오.

출제년도 : 20년 2회

• 정답

$0.01 \sim 0.04 [\mu m]$

문제 26

침투탐상검사 방법 및 침투지시의 분류(KS B 0816)에서 규정하는 염색 침투액에 사용하면 안 되는 현상법에 대하여 기호를 포함한 3가지 쓰시오.

출제년도 : 20년 2회

정답

① 건식 현상제(D)
② 수용성 습식 현상제(A)
③ 무현상법(N)

06 건조처리

문제 01

산업기사/기사

수세성 침투액을 사용하는 침투탐상검사에서는 현상법에 따라 건조처리의 적용시기가 각기 다르다. 다음 경우에 따라 건조를 실시하는 시기에 대하여 쓰시오.

(1) 건식 현상법 (2) 습식 현상법
(3) 속건식 현상법 (4) 무현상법

출제년도 : 산업기사(19년 4회), 기사(17년 1회, 17년 2회, 19년 4회, 22년 1회, 22년 4회, 25년 1회)

정답

(1) 세척처리 후 건조처리를 실시한다.
(2) 현상처리 후 건조처리를 실시한다.
(3) 세척처리 후 건조처리를 실시한다.
(4) 세척처리 후 가열건조처리를 실시한다.

문제 02

기사

보일러 및 압력용기에 대한 침투탐상검사(ASME Sec.V Art.6) 규격에 따른 세척처리 후 현상제를 적용하기 위한 건조방법에 대하여 쓰시오.

출제년도 : 23년 1회

정답

(1) 습식 현상제 : 부재의 표면온도가 52[℃]보다 높지 않으면 온풍을 이용할 수 있다. 단, 빨아들이기는 허용되지 않는다.
(2) 비수성 현상제 : 건조는 자연 증발에 의해 이루어져야 한다.

문제 03 산업기사

침투탐상검사 방법 및 침투지시의 분류(KS B 0816)에서 검사 대상체를 열풍건조를 하지 말아야 할 세척 절차와 그 이유에 대하여 각각 쓰시오.

출제년도 : 18년 4회, 23년 4회

정답

(1) 세척 절차 : 용제 세척
(2) 이유 : 세척제 자체 휘발성이 높아 자연 건조로도 충분하기 때문이다.

07 관찰

문제 01

산업기사

침투탐상검사에서 침투처리 후 현상처리를 한 뒤 올바른 관찰조건에 대하여 3가지 쓰시오.

출제년도 : 19년 1회

정답

① 탐상면의 밝기
② 현상시간
③ 현상피막의 두께

문제 02

기사

침투탐상검사 방법 및 침투지시의 분류(KS B 0816)에 따라 염색침투탐상을 실시할 시험 탐상면의 관찰하는 장소의 조도와 암실에서의 검사 수행 시 작업자가 실시해야 할 암순응에 대하여 각각 쓰시오.

출제년도 : 20년 3회, 22년 4회, 24년 3회

정답

(1) 염색침투탐상 시 관찰하는 장소의 조도 : 500[lx] 이상
(2) 암순응 시간 : 최소 1분 이상

문제 03　　　　　　　　　　　　　　　　　　　　　　　　　산업기사/기사

침투탐상검사 방법 및 침투지시의 분류(KS B 0816)에서 규정하는 자외선 조사 장치의 자외선 파장 범위에 대하여 쓰시오.

출제년도 : 산업기사(23년 1회), 기사(18년 2회, 23년 1회)

정답

320~400[nm]

문제 04　　　　　　　　　　　　　　　　　　　　　　　　　　　　기사

침투탐상검사 방법 및 침투지시의 분류(KS B 0816)에서 규정하고 있는 자외선 조사 장치의 파장 범위와 가시광선의 파장 범위에 대하여 쓰시오.

출제년도 : 17년 2회, 20년 1 · 2회, 24년 3회

정답

(1) 자외선 조사 장치의 파장 범위 : 320~400[nm]
(2) 가시광선의 파장 범위 : 400~700[nm]

문제 05　　　　　　　　　　　　　　　　　　　　　　　　　　　　기사

침투탐상검사 방법 및 침투지시의 분류(KS B 0816)에 따른 자외선 조사 장치의 점검 방법에 대하여 쓰시오.

출제년도 : 17년 3회, 18년 1회, 20년 3회, 22년 4회

정답

자외선 강도는 자외선 강도계를 사용하여 측정하고, 38[cm] 떨어져서 $800[\mu W/cm^2]$ 이하이거나 또는 수은등광의 누출이 있다면 부품을 교환 또는 폐기한다.

문제 06   기사

침투탐상검사 방법 및 침투지시의 분류(KS B 0816)에 따른 자외선 조사 장치에 대한 내용이다. 다음을 쓰시오.

출제년도 : 19년 4회

정답

(1) 자외선 조사 장치의 파장 범위 : 320~400[nm]
(2) 자외선 조사 장치의 방출 파장 범위 : 475~575[nm]
(3) 가시광선의 파장 범위 : 400~700[nm]
(4) 자외선 조사 장치의 강도 : 검사 대상체 표면에서 최소 $800[\mu W/cm^2]$ 이상일 것

문제 07   기사

침투탐상검사 방법 및 침투지시의 분류(KS B 0816)에서 자외선 조사 장치가 인체의 시력에 피해를 주지 않는 이유에 대하여 쓰시오.

출제년도 : 21년 4회

정답

자외선 조사 장치의 파장은 320~400[nm]로서 그 이하의 파장은 인체에 유해하므로 자외선 조사 장치의 전면부에 자외선 필터를 장착하여 유해한 파장을 차단시키기 때문이다.

문제 08 〈기사〉

침투탐상검사 방법 및 침투지시의 분류(KS B 0816)에 따른 자외선 조사 장치의 점검 방법과 암실에서 관찰할 때의 조도에 대하여 쓰시오.

출제년도 : 20년 3회

정답

(1) 자외선 조사 장치의 점검 방법 : 자외선 강도는 자외선 강도계를 사용하여 측정하고, 38[cm] 떨어져서 800 [μW/cm²] 이하이거나 또는 수은등광의 누출이 있다면 부품을 교환 또는 폐기한다.
(2) 암실에서 관찰할 때의 조도 : 20[lx] 이하

문제 09 〈산업기사〉

침투탐상검사 방법 및 침투지시의 분류(KS B 0816)에서 규정된 자외선 조사 장치의 점검 방법과 교환 또는 폐기해야 하는 조건에 대하여 각각 쓰시오.

출제년도 : 19년 4회

정답

(1) 점검 방법 : 자외선 조사 장치의 강도는 자외선 강도계로 측정하며, 38[cm] 떨어져서 강도가 800[μW/cm²] 이상 나오는지 확인한다.
(2) 교환 또는 폐기하는 조건 : 자외선 조사 장치의 강도가 800[μW/cm²] 이하이거나 수은등광에 누출이 생겼을 때 교환 또는 폐기한다.

문제 10 산업기사

침투탐상검사 방법 및 침투지시의 분류(KS B 0816)에 따라 침투탐상검사를 할 때 염색 침투액을 사용할 때와 형광 침투액을 사용할 때의 올바른 관찰 조건에 대하여 각각 쓰시오.

출제년도 : 21년 4회

정답

(1) 염색 침투액 : 검사 면의 밝기(조도)가 500[lx] 이상인 자연광 또는 백색광 아래에서 관찰해야 한다.
(2) 형광 침투액 : 관찰하기 전에 1분 이상 어두운 곳에서 눈을 적응시키고 나서 검사 대상체 표면에 800[μW/cm²] 이상의 자외선을 비추면서 관찰한다. 침투지시를 관찰하는 장소의 밝기는 20[lx] 이하이어야 한다.

문제 11 기사

다음 ( ) 안에 알맞은 내용을 쓰시오.

형광 침투액을 사용할 때 특별히 규정하지 않았다면, 관찰하기 전에 1분 이상 어두운 곳에서 눈을 적응시키고 나서 검사 대상체 표면에 (①)[μW/cm²] 이상의 자외선을 비추면서 관찰한다. 염색 침투액을 사용할 때, 검사 면의 밝기(조도)가 (②)[lx] 이상인 자연광 또는 백색광 아래에서 관찰하는 것이 바람직하다.

출제년도 : 22년 1회

정답

① 800
② 500

08 기록 및 결함 분류

문제 01 *기사*

침투탐상검사 방법 및 침투지시의 분류(KS B 0816)의 검사 방법 중 용제 제거성 염색 침투액 – 속건식 현상법(VC – S)으로 침투탐상검사를 할 때 절차서에 반드시 기재해야 하는 사항에 대하여 4가지 쓰시오.

출제년도 : 21년 1회

정답

① 전처리 방법
② 침투액의 적용 방법
③ 침투액의 제거 방법
④ 현상제의 적용 방법

문제 02 *산업기사/기사*

침투탐상검사 방법 및 침투지시의 분류(KS B 0816)에 따른 검사 기록에서 검사 대상체에 대한 기록사항을 4가지 쓰시오.

출제년도 : 산업기사(20년 3회), 기사(19년 2회, 22년 2회, 25년 1회)

정답

① 품명
② 재료
③ 모양 및 치수
④ 표면사항

문제 03 산업기사

침투탐상검사 방법 및 침투지시의 분류(KS B 0816)에서 염색 침투탐상검사 결과 시험 탐상면에 발생될 수 있는 무관련지시의 정의에 대하여 쓰시오.

출제년도 : 22년 2회

정답

무관련지시는 표면의 불연속으로 나타나는 지시모양을 말한다. 예시로는 열쇠 홈, 리벳을 한 이음부, 부분용접으로 조립된 부품 사이의 틈새, 단면의 변화부 등이 있다.

문제 04 기사

침투탐상검사 방법 및 침투지시의 분류(KS B 0816)에서 규정하고 있는 관련지시와 무관련지시에 대한 내용이다. 다음을 쓰시오.

출제년도 : 19년 2회, 22년 2회, 25년 1회

정답

(1) 관련지시의 정의 : 결함에 의한 지시모양
(2) 관련지시의 종류 : 독립 침투지시, 연속 침투지시, 분산 침투지시
(3) 무관련지시의 정의 : 표면의 불연속으로 나타나는 지시모양
(4) 무관련지시의 종류 : 열쇠 홈, 리벳을 한 이음부, 부분용접으로 조립된 부품 사이의 틈새, 단면의 변화부 등에서 발생하는 지시모양

문제 05

침투탐상검사 방법 및 침투지시의 분류(KS B 0816)에 따른 용어들이다. 다음을 쓰시오.

출제년도 : 16년 4회, 17년 1회

정답

(1) 지시 : 탐상면 위에 나타나는 모양
(2) 의사지시 : 결함지시모양 이외의 지시를 말하며 즉, 거짓 지시를 말한다.
(3) 선상 침투지시 : 균열 이외의 침투지시 중, 그 길이가 폭의 3배 이상인 것
(4) 원형상 침투지시 : 균열 이외의 침투지시 중 선상 침투지시가 아닌 것

문제 06

침투탐상검사 방법 및 침투지시의 분류(KS B 0816)에 따라 침투지시의 분류에 대하여 3가지 쓰시오.

출제년도 : 산업기사(18년 1회), 기사(16년 1회, 19년 1회, 23년 4회)

정답

① 독립 침투지시
② 연속 침투지시
③ 분산 침투지시

문제 07　　　　　　　　　　　　　　　　　　　　　　　　　　산업기사

침투탐상검사 방법 및 침투지시의 분류(KS B 0816)에 따라 침투지시를 분류할 때 독립 침투지시의 종류에 대하여 3가지 쓰시오.

출제년도 : 23년 2회

정답

① 균열에 의한 침투지시 : 균열로 확인된 침투지시
② 선상 침투지시 : 균열 이외의 침투지시 중 그 길이가 폭의 3배 이상인 것
③ 원형상 침투지시 : 균열 이외의 침투지시 중 선상 침투지시가 아닌 것

문제 08　　　　　　　　　　　　　　　　　　　　　　　　　　기사

침투탐상검사 방법 및 침투지시의 분류(KS B 0816)에 따라 침투지시를 분류할 때 독립 침투지시의 종류에 대하여 3가지 쓰시오.

출제년도 : 20년 3회, 22년 2회

정답

① 균열에 의한 침투지시
② 선상 침투지시
③ 원형상 침투지시

문제 09 산업기사

침투탐상검사 방법 및 침투지시의 분류(KS B 0816)에서 결함의 분류 중 선상 침투지시를 분류하는 조건에 대하여 쓰시오.

출제년도 : 19년 4회, 22년 2회, 25년 1회

정답

균열 이외의 침투지시 중 그 길이가 폭의 3배 이상인 것

문제 10 산업기사

침투탐상검사 방법 및 침투지시의 분류(KS B 0816)에서 균열 이외의 침투지시 중 그 길이가 너비의 몇 배 이상인 것을 선상 침투지시로 분류하는지 쓰시오.

출제년도 : 20년 3회

정답

3배

문제 11 기사

침투탐상검사 방법 및 침투지시의 분류(KS B 0816)에 따라 침투지시를 분류할 때 연속 침투지시에 대하여 쓰시오.

출제년도 : 20년 1회

정답

여러 개의 지시 모양이 거의 동일 직선상에 나란히 존재하고, 그 지시 사이의 거리가 2[mm] 이하인 침투지시를 말한다.

문제 12

산업기사/기사

침투탐상검사 방법 및 침투지시의 분류(KS B 0816)에 따라 의사지시가 발생되는 원인에 대하여 4가지 쓰시오.

출제년도 : 산업기사(18년 1회, 21년 1회), 기사(22년 2회)

정답

① 전처리가 불충분하여 탐상면에 이물질이 남아 있을 때
② 세척처리나 제거처리가 불충분하여 과잉 침투액이 남아 있을 경우 또는 손에 묻은 침투액이 탐상면에 자국을 남겼을 때
③ 유화 시간이 짧거나 조작상의 잘못으로 과잉 침투액이 충분히 제거되지 않고 탐상면에 남아 있을 때
④ 검사 대상체의 형상이나 구조가 복잡하여 세척이 곤란한 곳과 부품의 삽입 등에 의해 나타나는 경우

문제 13

산업기사

침투탐상검사 방법 및 침투지시의 분류(KS B 0816)에서 다음 용어에 대한 정의를 쓰시오.

출제년도 : 19년 1회

정답

(1) 선상 침투지시 : 균열 이외의 침투지시 중 그 길이가 폭의 3배 이상인 것
(2) 의사지시 : 결함지시 모양 이외의 지시를 말하며 즉, 거짓 지시를 말한다.
(3) 흠집 : 선정된 합격 기준을 초과한 결점으로 사용성에 유해한 영향을 미치는 불연속이다.

문제 14 산업기사

침투탐상검사 방법 및 침투지시의 분류(KS B 0816)에서 규정한 침투지시 및 흠집의 분류에 대한 내용이다. 다음을 쓰시오.

출제년도 : 21년 2회, 24년 2회, 25년 1회

정답

(1) 분산 침투지시 정의 : 일정한 면적 내에 여러 개의 침투지시가 분산하여 존재하는 침투지시
(2) 분산 흠집을 분류하는 방법 : 정해진 면적 안에 존재하는 1개 이상의 흠집. 분산 흠집은 흠집의 종류, 수량 또는 각 흠집의 길이를 합한 값에 따라 평가한다.

문제 15 기사

침투탐상검사 방법 및 침투지시의 분류(KS B 0816)에 따른 침투지시의 분류에 대한 내용이다. 다음을 쓰시오.

출제년도 : 19년 2회

정답

(1) 균열에 의한 침투지시 : 균열로 확인된 침투지시
(2) 연속 침투지시 : 여러 개의 지시 모양이 거의 동일 직선상에 나란히 존재하고, 그 지시 사이의 거리가 2[mm] 이상인 침투지시
(3) 분산 침투지시 : 일정한 면적 내에 여러 개의 침투지시가 분산하여 존재하는 침투지시

문제 16 [기사]

보일러 및 압력용기에 대한 침투탐상검사(ASME Sec.V Art.6)에서 규정하고 있는 보고서에 기록해야 하는 사항에 대하여 4가지 쓰시오.

출제년도 : 19년 4회, 20년 1 - 2회, 23년 2회

정답

① 절차서 번호 및 개정번호
② 탐상제의 종류(염색 또는 형광)
③ 사용되는 침투제, 제거제, 유화제 및 현상제의 종류(번호 또는 글자)
④ 시험요원의 성명 및 참조규격에서 요구되는 경우 자격인정 레벨

추가 답안

⑤ 지시의 개략도(map) 또는 기록
⑥ 재료 및 두께
⑦ 조명기구
⑧ 시험을 실시한 일자 및 시간

문제 17 [산업기사]

보일러 및 압력용기에 대한 침투탐상검사(ASME Sec.V Art.6)에서 재시험을 하는 경우에 대하여 1가지 쓰시오.

출제년도 : 20년 1회, 24년 1회

정답

조작 방법에 잘못이 있었을 때

추가 답안

① 침투지시가 흠집에 의한 것인지 의사지시인지 판단이 곤란할 때
② 기타 필요하다고 인정되는 경우

문제 18 산업기사/기사

침투탐상검사 방법 및 침투지시의 분류(KS B 0816)에서 침투탐상검사 중 검사의 중간 또는 종료 후 어떠한 경우에 다시 검사를 실시해야 하는지에 대하여 2가지 쓰시오.

출제년도 : 산업기사(20년 2회, 23년 4회), 기사(17년 2회, 19년 1회, 19년 2회, 20년 1·2회, 20년 3회, 23년 4회, 25년 1회)

정답
① 조작 방법에 잘못이 있었을 때
② 침투지시가 흠에 기인한 것인지 의사지시인지 판단이 곤란할 때

추가 답안
③ 기타 방법에 잘못이 있었을 때

문제 19 기사

침투탐상검사 방법 및 침투지시의 분류(KS B 0816)에 따라 검사 대상체를 침투탐상검사를 하던 도중 또는 종료 후에 절차서의 방법과 다르게 검사한 것을 발견하였다. 이러한 경우 어떤 조치를 취해야 하는지에 대하여 쓰시오.

출제년도 : 24년 2회

정답
검사 전 원래의 상태로 복구시키고, 절차서에 명시된 대로 재검사를 실시한다.

문제 20

표면온도가 0[℃]인 주강품을 용제 제거성 염색 침투액 – 속건식 현상법(VC – S)으로 침투시간 5분, 현상시간 7분으로 적용하고 검사 대상체를 현상제 속에 침지시켰으며, 건조는 100[℃]에서 강제로 건조시켰으나 침투지시가 분명하지 않아 재시험을 실시하고자 할 때 시정해야 할 사항에 대하여 쓰시오.

출제년도 : 24년 2회

정답

① 표면온도 0[℃] → 15~50[℃]
② 침지 → 분무 또는 붓기, 붓칠
③ 강제 건조 → 자연 건조
④ 100[℃] → 자연 건조 온도로 건조 실시

문제 21

침투탐상검사 방법 및 침투지시의 분류(KS B 0816)에 따라 검사를 하여 합격한 제품에 표시를 필요로 하는 경우 전수 검사인 경우 표시하는 방법에 대하여 3가지 쓰시오.

출제년도 : 21년 4회

정답

① 각인, 부식 또는 착색(적갈색)으로 제품에 P의 기호를 표시한다.
② 제품에 P의 표시를 하기가 곤란하다면 적갈색으로 착색하여 표시한다.
③ 위의 내용을 표시할 수 없다면, 검사 보고서에 기록한다.

문제 22 산업기사

침투탐상검사 방법 및 침투지시의 분류(KS B 0816)에 따라 검사를 하여 합격한 제품에 P의 기호로 표시하였을 때, 이 기호의 의미에 대하여 쓰시오.

출제년도 : 22년 2회, 25년 1회

정답

전수 검사로 검사 대상체가 합격하였음을 의미한다.

문제 23 기사

침투탐상검사 방법 및 침투지시의 분류(KS B 0816)에 따라 샘플링 검사를 합격한 로트의 모든 제품에 표시하는 방법에 대하여 2가지 쓰시오.

출제년도 : 17년 4회, 24년 1회

정답

① 모든 제품에 Ⓟ 기호를 표시한다.
② 모든 제품에 착색(황색으로만)하여 표시한다.

문제 24 산업기사/기사

침투탐상검사 방법 및 침투지시의 분류(KS B 0816)에 따라 검사 보고서에 기록해야 할 처리 방법에 대하여 4가지 쓰시오.

출제년도 : 산업기사(19년 1회, 19년 4회), 기사(16년 1회, 19년 1회)

- **정답**

① 전처리 방법
② 침투액의 적용 방법
③ 유화제의 적용 방법
④ 세척 방법 또는 제거 방법

- **추가 답안**

⑤ 건조 방법
⑥ 현상제의 적용 방법

문제 25   산업기사/기사

침투탐상검사 방법 및 침투지시의 분류(KS B 0816)에 따라 검사 보고서에 기록해야 할 처리 조건에 대하여 4가지 쓰시오.

출제년도 : 산업기사(18년 4회, 20년 1회, 21년 1회, 22년 4회, 23년 2회), 기사(16년 4회, 22년 1회)

- **정답**

① 검사 온도
② 침투 시간
③ 유화 시간
④ 세척수의 온도와 수압

- **추가 답안**

⑤ 건조 온도 및 시간
⑥ 현상 시간 및 관찰 시간

문제 26

산업기사/기사

침투탐상검사 방법 및 침투지시의 분류(KS B 0816)에서 주물품에 발생될 수 있는 흠집의 종류에 대하여 3가지 쓰시오.

출제년도 : 산업기사(21년 2회), 기사(21년 1회)

정답

① 균열(열간 균열, 냉간 균열 등)
② 수축공
③ 게재물(모래, 슬래그 등)

추가 답안

④ 기포(핀 홀 · 블로 홀)
⑤ 스캐브(Scab)

문제 27

산업기사

침투탐상검사 방법 및 침투지시의 분류(KS B 0816)에 따라 침투지시모양의 정확성을 높이는 조건에 대하여 3가지 쓰시오.

출제년도 : 18년 4회

정답

① 규격에 따른 적절한 탐상 현장을 구비한다.
② 올바른 전처리 및 세척 공정을 따른다.
③ 침투시간, 유화 시간, 현상 시간 등 각종 탐상제의 표준시간을 준수하여 탐상한다.

문제 28 _{산업기사}

침투탐상검사 방법 및 침투지시의 분류(KS B 0816)에서 침투지시 및 흠집을 기록할 때 기록해야 할 사항 3가지와 기록 방법 2가지를 쓰시오.

출제년도 : 19년 4회

정답

(1) 기록해야 할 사항
  ① 모양
  ② 개수
  ③ 위치
(2) 기록 방법
  ① 사진
  ② 전사

문제 29 _{산업기사}

침투탐상검사 방법 및 침투지시의 분류(KS B 0816)에서 규정하고 있는 연속 침투지시이다. 가장 긴 지시 길이를 쓰시오.

[보기]

10mm 5mm 8mm 2mm 5mm

출제년도 : 19년 4회

정답

$8 + 2 + 5 = 15 [\text{mm}]$

문제 30

산업기사

배관 용접 이음부에 대한 비파괴검사(KS B 0888)에 의한 용제 제거성 염색침투탐상의 검사결과 용접 부분의 300[mm]에 차례대로 4.4[mm]의 선상 지시(a), 1.8[mm]의 선상 지시(b), 3.6[mm]의 선상 지시(c)가 거의 일직선 위에 나타났고, 4.2[mm]의 원형 지시가 나타났다. 또한 (a)와 (b)의 지시 사이 거리는 1.8[mm], (b)와 (c)의 지시 사이의 거리는 2.5[mm]이며, (d)는 (c)로부터 120[mm] 떨어져 있다. 다음 표를 이용하여 흠의 합계점수를 계산과정과 합격유무를 쓰시오.

분 류	0[mm] 초과 2[mm] 이하	2[mm] 초과 4[mm] 이하	4[mm] 초과 8[mm] 이하
선상/연속 침투지시	0점	2점	4점
원형상 침투지시	0점	2점	4점

※ 합격기준 : 연속 침투지시는 8[mm] 이하일 경우에는 합격
※ 흠집의 평가점수 합격기준 : 300[mm] 내에서 총점 10점 이하인 경우 합격

출제년도 : 22년 4회

정답

(1) 계산과정

연속 침투지시는 (a)와 (b)가 해당되므로 4.4(a) + 1.8(b) + 지시 사이 거리 1.8 = 8[mm]로 합격이며 점수는 4점

선상 침투지시는 (c)만 해당되므로 2점

원형상 침투지시는 4.2[mm]이므로 4점

총합 : 4점 + 4점 + 2점 = 10점

(2) 합격 유무

합격

문제 31

산업기사

배관 용접 이음부에 대한 비파괴검사(KS B 0888)에 의한 용제 제거성 염색침투탐상의 검사결과 용접 부분의 200[mm]에 차례대로 1.2[mm]의 선상 지시(a), 1.4[mm]의 선상 지시(b), 7.0[mm]의 선상 지시(c)가 거의 일직선 위에 나타났고, 5.0[mm]의 원형지시가 나타났다. 또한 (a)와 (b)의 지시 사이 거리는 1.2[mm], (b)와 (c)의 지시 사이의 거리는 3.0[mm]이며, (d)는 (c)로부터 100[mm] 떨어져 있다. 다음 표를 이용하여 흠의 합계 점수를 계산과정과 답을 쓰시오.

분류	1[mm] 초과 2[mm] 이하	2[mm] 초과 4[mm] 이하	4[mm] 초과 8[mm] 이하
선상/연속 침투지시	1점	2점	4점
원형상 침투지시	–	1점	4점

출제년도 : 23년 1회

정답

(1) 계산과정

연속 침투지시는 (a)와 (b)가 해당되므로 1.2(a) + 1.4(b) + 지시 사이 거리 1.2 = 3.8[mm] → 2점

선상 침투지시는 (c)만 해당되므로 4점

원형상 침투지시는 5.0[mm]이므로 4점

총합 : 2점 + 4점 + 4점 = 10점

(2) 답

10점

문제 32

배관 용접 이음부에 대한 비파괴검사(KS B 0888)에 의한 용제 제거성 염색침투탐상의 검사결과 용접 부분의 200[mm]에 차례대로 1.5[mm]의 선상 지시(a), 1.7[mm]의 선상 지시(b), 4.2[mm]의 선상 지시(c)가 거의 일직선 위에 나타났고, 3.0[mm]의 원형지시가 나타났다. 또한 (a)와 (b)의 지시 사이 거리는 1.3[mm], (b)와 (c)의 지시 사이의 거리는 2.5[mm]이며, (d)는 (c)로부터 100[mm] 떨어져 있다. 다음 표를 이용하여 흠의 합계점수를 계산과정과 답을 쓰시오.

분류	3[mm] 미만	3[mm] 이상 4[mm] 미만	4[mm] 이상
선상/연속 침투지시	–	1점	4점
원형상 침투지시	–	1점	4점

출제년도 : 24년 4회

정답

(1) 계산과정

연속 침투지시는 (a)와 (b)가 해당되므로 1.5(a) + 1.7(b) + 지시 사이 거리 1.3 = 4.5[mm] → 4점

선상 침투지시는 (c)만 해당되므로 4점

원형상 침투지시는 3.0[mm]이므로 1점

총합 : 4점 + 4점 + 1점 = 9점

(2) 답

9점

문제 33

기사

배관 용접 이음부에 대한 비파괴검사(KS B 0888)에 의한 용제 제거성 염색침투탐상의 검사결과 용접 부분의 200[mm]에 차례대로 1.6[mm]의 선상 지시(a), 1.8[mm]의 선상 지시(b), 3.0[mm]의 선상 지시(c)가 거의 일직선 위에 나타났고, 3.2[mm]의 원형지시가 나타났다. 또한 (a)와 (b)의 지시 사이 거리는 1.4[mm], (b)와 (c)의 지시 사이의 거리는 2.5[mm]이며, (d)는 (c)로부터 100[mm] 떨어져 있다. 다음 표를 이용하여 흠의 합계 점수를 계산과정과 답을 쓰시오.

분류	0[mm] 초과 1[mm] 이하	1[mm] 초과 3[mm] 이하	3[mm] 초과 4[mm] 이하
선상/연속 침투지시	0점	2점	4점
원형상 침투지시	—	0점	1점

출제년도 : 25년 1회

● 정답

(1) 계산과정

연속 침투지시로 (a)와 (b)가 해당되어 1.6+1.4+1.8=5.8 → 4점

선상 침투지시는 (c)만 해당되므로 3.0[mm] → 2점

원형상 침투지시는 3.2[mm]이므로 1점

4점+2점+1점=7점

(2) 답

7점

문제 34

산업기사

침투탐상검사 방법 및 침투지시의 분류(KS B 0816)에서 규정하는 침투지시를 기록하는 방법에 대하여 3가지 쓰시오.

출제년도 : 20년 3회, 23년 2회, 23년 3회

● 정답

① 사진
② 전사
③ 스케치

문제 35   산업기사

침투탐상검사 방법 및 침투지시의 분류(KS B 0816)에서 규정하고 있는 검사 보고서에 기록해야 할 사항들에 대하여 5가지 쓰시오.

출제년도 : 22년 4회

● 정답

① 검사 일자
② 검사 대상체
③ 검사 방법의 종류
④ 탐상제
⑤ 처리 방법

● 추가 답안

⑥ 처리 조건
⑦ 검사 결과
⑧ 검사자

문제 36

침투탐상검사 방법 및 침투지시의 분류(KS B 0816)에서 규정한 침투지시의 분류 중 연속된 선 모양 지시로 나타나는 불연속 지시에 대하여 5가지 쓰시오.

출제년도 : 16년 2회

정답

① 균열
② 탕계
③ 단조 겹침
④ 터짐 긁힘 자국
⑤ 금형 자국

09 대비 시험편

문제 01 기사

침투탐상검사 방법 및 침투지시의 분류(KS B 0816)에서 A형 대비 시험편 재질과 제조 방법에 대하여 각각 쓰시오.

출제년도 : 18년 1회, 21년 1회, 21년 4회

정답

(1) 재질 : A2024P
(2) 제작방법 : 판의 한 면 중앙부를 분젠버너로 520~530[℃]로 가열한 면에 흐르는 물을 뿌려 급냉시켜 균열을 발생시킨다.

문제 02 산업기사

침투탐상검사 방법 및 침투지시의 분류(KS B 0816)에서 A형 대비 시험편의 재질에 대하여 쓰시오.

출제년도 : 23년 1회

정답

A2024P

문제 03 산업기사

침투탐상검사 방법 및 침투지시의 분류(KS B 0816)에서 A형 대비 시험편의 제조방법에 대하여 쓰시오.

출제년도 : 23년 1회

정답

판의 한 면 중앙부를 분젠버너로 520~530[℃]로 가열한 면에 흐르는 물을 뿌려 급냉시켜 균열을 발생시킨다.

문제 04 산업기사

침투탐상검사 방법 및 침투지시의 분류(KS B 0816)에서 대비 시험편의 사용 방법에 대하여 3가지 쓰시오.

출제년도 : 18년 1회, 24년 1회

정답

① 대비 시험편은 탐상제의 성능 및 조작 방법의 적합 여부를 조사하는 데 사용한다.
② A형 시험편은 원칙적으로 기계 가공된 홈을 사이에 둔 양쪽 면을 1조로 하여 사용하는데, 기계 가공된 홈 부분을 절단한 2편의 같은 쪽 면을 1조로 해도 좋다.
③ B형 대비 시험편은 원칙적으로 균열에 대하여 직각 방향으로 1/2로 절단한 2편을 1조로 하여 사용한다. 절단하지 않고 절단선에 상당하는 위치에 적당한 칸막이를 하여 그 양쪽 면을 1조로 해도 좋다.

추가 답안

④ 탐상제의 성능 검사는 1조의 대비 시험편 각각의 면에 비교할 탐상제를 각각 적용하여, 동일 조건의 검사를 하여 얻어진 침투지시를 비교한다.
⑤ 조작의 적합 여부를 조사하기 위한 검사는 1조의 대비 시험편에 동일 탐상제를 다른 조건을 적용하여 검사를 하여 침투지시를 비교한다.

문제 05

침투탐상검사 방법 및 침투지시의 분류(KS B 0816)에 따른 대비 시험편의 사용 목적에 대하여 4가지 쓰시오.

출제년도 : 산업기사(18년 1회, 19년 1회, 19년 4회, 21년 1회, 22년 2회, 23년 1회, 24년 2회), 기사(17년 2회, 19년 1회, 21년 1회, 21년 4회, 22년 4회, 23년 4회)

정답

① 사용 중인 각종 탐상제의 품질과 성능의 유지 및 관리
② 탐상제를 새로 선정하여 구입한 경우의 성능 비교검사
③ 검사원의 교육과 훈련
④ 탐상조건이 변했을 때 표준조건과 비교 확인하기 위한 성능 점검

추가 답안

⑤ 조작방법의 적합 여부 조사
⑥ 각종 침투탐상검사의 결함 검출 성능 비교검사
⑦ 규격에서 요구하는 침투액의 감도레벨을 결정하기 위한 성능 점검
⑧ 탐상제의 연구와 개발
⑨ 탐상현장에서의 적절한 탐상조건의 추정

문제 06

침투탐상검사 방법 및 침투지시의 분류(KS B 0816)에서 B형 대비 시험편의 크로뮴 도금 두께의 목표값과 균열의 깊이를 조절하는 방법에 대하여 쓰시오.

출제년도 : 18년 4회

정답

(1) 크로뮴 도금 두께의 목표값 : $0.5[\mu m]$
(2) 균열의 깊이를 조절하는 방법 : 도금층의 두께와 균열의 깊이가 같으므로 도금층의 두께를 조정함에 따라 깊이가 일정한 균열을 재현성이 좋게 할 수 있다.

문제 07

침투탐상검사 방법 및 침투지시의 분류(KS B 0816)에서 A형 대비 시험편에 대한 내용이다. 다음을 쓰시오.

출제년도 : 20년 2회

정답

(1) 크기(가로 × 세로) : 75[mm] × 50[mm]
(2) 두께 : 8~10[mm]
(3) 인공 홈 너비 : 1.5[mm]

문제 08

침투탐상검사 방법 및 침투지시의 분류(KS B 0816)에서 A형 대비 시험편에 대한 내용이다. 다음을 쓰시오.

출제년도 : 24년 4회

정답

(1) 재질 : A2024P
(2) 크기(가로 × 세로) : 75[mm] × 50[mm]

문제 09

침투탐상검사 방법 및 침투지시의 분류(KS B 0816)에서 규정하는 A형 대비 시험편에 대하여 다음을 쓰시오.

출제년도 : 20년 1회, 24년 1회, 25년 1회

정답

(1) 시험편의 재질 : 알루미늄 합금(A2024P)
(2) 제작 방법 : 판의 한 면 중앙부를 분젠버너로 520~530[℃]로 가열한 면에 흐르는 물을 뿌려 급냉시켜 균열을 발생시킨다.
(3) 크기 및 두께 : 가로 75[mm], 세로 50[mm], 두께 8~10[mm]
(4) 홈의 크기 및 깊이 : 1.5[mm]

문제 10

기사

침투탐상검사 방법 및 침투지시의 분류(KS B 0816)에서 침투탐상용 A형 시험편에 대한 내용이다. 괄호에 O 또는 X를 쓰시오.

출제년도 : 20년 1회

정답

(1) 재질이 알루미늄이다. (O)
(2) 치수가 가로 50[mm] × 세로 75[mm], 두께 25[mm]이다. (X)
(3) 판의 한 면에 분젠버너로 520~530[℃]로 가열하여 흐르는 물을 뿌려 급냉시켜 균열을 발생시킨다. (O)
(4) 기호는 PT – A로 표시한다. (O)

문제 11

산업기사/기사

침투탐상검사 방법 및 침투지시의 분류(KS B 0816)에서 규정하는 A형 대비 시험편의 치수 및 홈의 크기 및 깊이에 대하여 쓰시오.

출제년도 : 산업기사(22년 2회, 24년 1회), 기사(19년 1회)

정답

(1) 치수 : 가로 75[mm], 세로 50[mm], 두께 8~10[mm]
(2) 홈의 크기 및 깊이 : 1.5[mm]

Industrial Engineer / Engineer
Penetrate Nondestructive Testing

문제 12

침투탐상검사 방법 및 침투지시의 분류(KS B 0816)에 따른 A형 대비 시험편의 장점과 단점에 대하여 각각 2가지씩 쓰시오.

출제년도 : 20년 1 - 2회, 22년 2회, 24년 3회

(1) 장점

정답

① 시험편의 제작이 간단하다.
② 비교적 미세한 균열을 얻을 수 있으며 재질적으로도 경금속 재료에 사용하는 탐상제의 성능을 점검하는 대비 시험편으로 적합하다.

추가 답안

③ 시험편의 균열 형상이 자연균열에 가깝고, 시험편에는 다양한 깊이 폭의 균열이 발생하기 때문에 균열의 폭, 깊이에 의한 성능의 차를 알 수 있다.

(2) 단점

정답

① 가열, 급냉을 이용하기에 균열의 치수를 조정하기 어렵다.
② 반복 사용 시 균열의 파면 산화 등에 의해 재현성이 점차적으로 나빠진다.

추가 답안

③ 너무 많이 사용하면 재사용이 불가능하다.

문제 13

침투탐상검사 방법 및 침투지시의 분류(KS B 0816)에서 A형 대비 시험편의 후처리 방법에 대하여 쓰시오.

출제년도 : 20년 1·2회, 23년 2회

정답

대비 시험편은 사용한 다음 즉시 세척하여 잔유물을 제거해야 한다.

문제 14

침투탐상검사 방법 및 침투지시의 분류(KS B 0816)에 따라 대비 시험편 표면에 남아있는 잔유물을 제거하는 방법에 대하여 3가지 쓰시오.

출제년도 : 23년 2회

정답

① 용제를 사용하는 방법
② 화학반응을 이용하는 방법
③ 가열하는 방법

추가 답안

④ 증기세척
⑤ 초음파 세척

문제 15

침투탐상검사 방법 및 침투지시의 분류(KS B 0816)에 따라 대비 시험편에 있는 잔유물을 제거할 때 피해야 하는 방법과 그 이유에 대하여 각각 쓰시오.

출제년도 : 23년 2회

정답

(1) 피해야 하는 방법 : 산세척
(2) 이유 : 결함의 폭을 크게 할 염려가 있기 때문이다.

문제 16

침투탐상검사 방법 및 침투지시의 분류(KS B 0816)에서 B형 대비 시험편에 관한 다음 내용에 대하여 쓰시오.

출제년도 : 23년 2회

정답

(1) PT-B50 도금 두께(단위 포함) : $50 \pm 5[\mu m]$
(2) PT-B30 도금 균열의 폭(단위 포함) : $1.5[\mu m]$

문제 17

침투탐상검사 방법 및 침투지시의 분류(KS B 0816)에서 황동판에 니켈 도금과 크롬 도금을 처리한 후 균열을 생성한 B형 대비 시험편 종류 중에서 PT-B50에 관한 다음의 물음에 알맞은 내용을 각각 쓰시오.

출제년도 : 산업기사(20년 1회, 24년 4회), 기사(20년 3회)

정답

(1) 도금 두께(단위 포함) : 50 ± 5[μm]
(2) 도금 균열의 폭(단위 포함) : 2.5[μm]

문제 18 기사

침투탐상검사 방법 및 침투지시의 분류(KS B 0816)에서 황동판에 니켈 도금과 크롬 도금을 처리한 후 균열을 생성한 B형 대비 시험편 종류 중에서 PT – B50의 도금 두께를 쓰시오.(단위 포함)

출제년도 : 23년 2회

정답

50 ± 5[μm]

문제 19 기사

침투탐상검사 방법 및 침투지시의 분류(KS B 0816)에서 규정하는 B형 대비 시험편에 대하여 다음을 쓰시오.

출제년도 : 20년 1회

정답

(1) 재질 : C2600P, C2720P, C2801P
(2) 제작방법 : 길이 100[mm], 폭 70[mm]의 판에 니켈 도금과 크로뮴 도금을 하고, 도금 면을 바깥쪽으로 하여 굽혀서 도금층에 균열을 발생시킨 후 굽힘면을 평평하게 하고, 길이 방향으로 절단하여 2등분한다.
(3) 크기 및 두께 : 길이 100[mm], 폭 70[mm]

문제 20

침투탐상검사 방법 및 침투지시의 분류(KS B 0816)에서 규정하는 B형 대비 시험편의 재질 및 재료에 대하여 각각 쓰시오.

출제년도 : 21년 1회

정답

(1) 재질 : C2600P, C2720P, C2801P
(2) 재료 : 황동, 니켈

문제 21

침투탐상검사 방법 및 침투지시의 분류(KS B 0816)에서 B형 대비 시험편의 기호에 대하여 4가지 쓰시오.

출제년도 : 17년 2회, 21년 2회, 23년 2회

정답

① PT-B10
② PT-B20
③ PT-B30
④ PT-B50

문제 22

침투탐상검사 방법 및 침투지시의 분류(KS B 0816)에서 규정하고 있는 B형 대비 시험편에 대하여 다음을 쓰시오.

출제년도 : 19년 4회

정답

기 호	도금 두께	도금 균열 폭(목표 값)
PT-B50	50 ± 5	2.5[μm]
PT-B30	30 ± 3	1.5[μm]
PT-B20	20 ± 2	1.0[μm]
PT-B10	10 ± 1	0.5[μm]

크로뮴 도금 두께는 0.5[μm]를 목표값으로 한다.

문제 23

침투탐상검사 방법 및 침투지시의 분류(KS B 0816)에서 B형 대비 시험편의 제작 방법에 대하여 쓰시오.

출제년도 : 23년 4회

정답

길이 100[mm], 폭 70[mm]의 판에 니켈 도금과 크로뮴 도금을 하고, 도금 면을 바깥쪽으로 하여 굽혀서 도금층에 균열을 발생시킨 후 굽힘면을 평평하게 하고, 길이 방향으로 절단하여 2등분한다.

문제 24

침투탐상검사 방법 및 침투지시의 분류(KS B 0816)에서 B형 대비 시험편의 균열 깊이를 조절하는 방법에 대하여 쓰시오.

출제년도 : 산업기사(22년 4회), 기사(16년 4회, 19년 2회, 24년 1회)

정답

균열의 깊이가 도금층의 두께와 같으므로, 대비 시험편의 도금층 두께를 조정하여 균열의 깊이를 조정한다.

문제 25

침투탐상검사 방법 및 침투지시의 분류(KS B 0816)에서 침투탐상용 B형 시험편에 대한 내용이다. 괄호에 O 또는 X를 쓰시오.

(1) 도금 두께와 갈라짐의 너비에 따라 네 종류로 구분된다. (　)
(2) 탐상제의 성능 확인 및 조작방법의 적합 여부를 조사하는 데 사용된다. (　)
(3) 시험편의 인공결함을 검출하지 못하면 검사 대상체 표면을 가열하여 재시험한다. (　)
(4) 크롬 도금은 검사 대상체 바깥쪽 면을 향하여 부착하도록 한다. (　)

출제년도 : 25년 1회

정답

(1) (O)
(2) (O)
(3) (X)
(4) (X)

문제 26

침투탐상검사 방법 및 침투지시의 분류(KS B 0816)에 따라 탐상제의 성능 시험을 목적으로 사용하는 니켈-크롬 도금 대비 시험편에 대한 장점과 단점에 대하여 각각 1가지씩 쓰시오.

출제년도 : 19년 1회, 23년 3회, 25년 1회

정답

(1) 장점 : 장기간 반복하여 사용이 가능하다.
(2) 단점 : 다수의 균열이 생겨서 보기 어려운 경우가 있다.

문제 27 산업기사

침투탐상검사 방법 및 침투지시의 분류(KS B 0816)에서 PT-B 시험편의 장점에 대하여 2가지 쓰시오.

출제년도 : 20년 1회

정답

① 장기간 반복하여 사용이 가능하다.
② 비교적 미세한 균열을 얻을 수 있다.

추가 답안

③ 균열의 깊이가 도금층의 두께와 같으므로, 도금층의 두께를 조정함에 따라서 깊이가 일정한 균열을 재현성이 좋게 만들 수 있다.

문제 28 기사

침투탐상검사 방법 및 침투지시의 분류(KS B 0816)에서 B형 대비 시험편의 단점에 대하여 2가지 쓰시오.

출제년도 : 17년 4회

정답

① 표면이 매끄러워서 실제 검사체 표면과 일치하는 것은 어렵다.
② 다수의 균열이 생겨서 보기에 어려운 경우가 있다.

추가 답안

③ 시험편 제작이 어렵고 고도의 기술을 요한다.

문제 29 산업기사/기사

침투탐상검사 방법 및 침투지시의 분류(KS B 0816)에 따른 B형 대비 시험편의 후처리 방법에 대하여 쓰시오.

출제년도 : 산업기사(23년 3회), 기사(18년 1회)

정답

① 부드러운 천에 세척제를 묻혀 가볍게 문질러 닦아낸다.
② 대비 시험편에 물을 분사하여 충분히 세척 후 현상제와 침투액을 제거한다.
③ 아세톤 용액에 대비 시험편을 넣고 몇 분간 교반하여 균열 속에 침투된 침투액을 제거한다.
④ 대비 시험편을 건조시킨다.
⑤ 세척이 불완전한 것으로 보이면 위의 공정을 반복한다.

문제 30 산업기사/기사

침투탐상검사 방법 및 침투지시의 분류(KS B 0816)에서 PSM PANEL의 별모양 균열이 있는 면과 그리트 블라스팅 처리를 한 면의 용도에 대하여 각각 쓰시오.

출제년도 : 산업기사(23년 1회), 기사(17년 2회, 20년 1 · 2회)

정답

(1) 별모양 균열이 있는 면 : 크기가 다른 별모양 균열로 결함 검출 감도를 확인할 목적으로 쓰인다.
(2) 산화물 그리트 블라스팅 처리를 한 면 : 중간 정도의 거칠기를 갖고 바탕색 또는 형광을 확인하여 세척 특성을 감시하기 위하여 사용한다.

문제 31 산업기사/기사

침투탐상검사 방법 및 침투지시의 분류(KS B 0816)에 따른 탐상제를 관리하는 방법에 대하여 2가지 쓰시오.

출제년도 : 산업기사(18년 4회, 21년 2회, 23년 1회, 24년 2회), 기사(17년 2회)

정답

① 기준 탐상제 및 사용하지 않는 탐상제는 용기에 밀폐하여 냉암소에 보관해야 한다.
② 용제 제거성 침투액, 세척액 및 속건식 현상제는 밀폐된 용기에 보관해야 한다.

추가 답안

③ 탐상제를 개방형 장치에서 사용할 때는 먼지, 불순물의 혼입, 탐상제의 비산을 방지하도록 처리해야 한다.
④ 습식 및 속건식 현상제는 소정의 농도로 유지해야 한다.

문제 32 산업기사

침투탐상검사 방법 및 침투지시의 분류(KS B 0816)에서 기준 탐상제의 정의에 대하여 쓰시오.

출제년도 : 20년 2회

정답

탐상제 구입 시 그 일부를 청결한 용기에 채취하여 보존한 것을 말한다.

문제 33 　　　　　　　　　　　　　　　　　　　　　　　　　　기사

침투탐상검사 방법 및 침투지시의 분류(KS B 0816)에서 규정하는 용어들이다. 다음을 쓰시오.

출제년도 : 18년 1회

● 정답

(1) 기준 탐상제 : 탐상제 구입 시 그 일부를 청결한 용기에 채취하여 보존한 것을 말한다.
(2) 모세관 현상 : 유리 등과 같은 고체에 접촉된 액체의 표면이 상승 또는 낮아지는 현상을 말한다.
(3) 수세성 침투제 : 물 세척이 가능한 형광 또는 염색 침투액을 말한다.
(4) 현상시간 : 건식 현상법에 있어서는 현상제를 적용한 다음 관찰을 시작할 때까지의 시간을 말한다. 습식 현상법에 있어서는 현상제가 건조할 때부터 관찰을 시작할 때까지의 시간을 말한다.

문제 34 　　　　　　　　　　　　　　　　　　　　　　　　　　기사

침투탐상검사 방법 및 침투지시의 분류(KS B 0816)에서 규정하고 있는 탐상제의 성능을 확인하는 방법과 조작의 적합 여부를 평가하는 방법에 대하여 쓰시오.

출제년도 : 25년 1회

● 정답

(1) 탐상제의 성능을 확인하는 방법
　　탐상제의 성능 검사는 1조의 대비 시험편 각각의 면에 비교할 탐상제를 각각 적용하여, 동일 조건의 검사를 하여 얻어진 침투지시를 비교한다.
(2) 조작의 적합 여부를 평가하는 방법
　　조작의 적합 여부를 조사하기 위한 검사는 1조의 대비 시험편에 동일 탐상제를 다른 조건을 적용해 검사하여 침투지시를 비교한다.

문제 35

보일러 및 압력용기에 대한 침투탐상검사(ASME Sec.V Art.6 SE-165) 규격에서 다음 금속들 중 할로겐 원소에 영향을 받는 것들을 쓰시오.

[보기]
탄소강, 티타늄, 오스테나이트 스테인리스강, 유리

출제년도 : 18년 4회, 24년 1회

정답

티타늄, 오스테나이트 스테인리스강

문제 36

스테인리스강 또는 티타늄 합금은 침투탐상제에 함유되어 있는 (가) 이온과 니켈 합금은 고온에서 (나) 이온을 만나면 취성과 부식을 일으킨다. (가)와 (나)에 대한 성분 명칭을 쓰시오.

출제년도 : 25년 1회

정답

(가) : 염소 및 불소
(나) : 유황

문제 37

보일러 및 압력용기에 대한 침투탐상검사(ASME Sec.V Art.6) 규격에 따라 재질별로 시험하는 경우 포함되지 말아야 할 성분과 함유량에 대하여 다음을 쓰시오.

출제년도 : 17년 1회, 21년 1회, 21년 2회, 25년 1회

정답

(1) 오스테나이트계 스테인리스강 또는 티타늄
    염소 및 불소를 합한 전체 함유량은 무게비로 잔류량의 1[%]를 초과해서는 안 된다.
(2) 니켈 합금
    유황 함유량은 무게비로 잔류량의 1[%]를 초과해서는 안 된다.

침투비파괴검사산업기사/기사 실기

CHAPTER
02

침투비파괴검사 산업기사/기사 실기 모의고사

CONTENTS

01 | 침투비파괴검사산업기사 실기 모의고사(제1~5회)
02 | 침투비파괴검사기사 실기 모의고사(제1~5회)

01 침투비파괴검사산업기사 실기 모의고사

침투비파괴검사산업기사 모의고사 제1회

문제 01

침투탐상검사 방법 및 침투지시의 분류(KS B 0816)에서 일반적으로 세척액에 요구되는 성질에 대하여 5가지 쓰시오.

○
○
○
○
○

문제 02

침투탐상검사 방법 및 침투지시의 분류(KS B 0816)에서 침투탐상검사 중 검사의 중간 또는 종료 후 어떠한 경우에 다시 검사를 실시해야 하는지에 대하여 2가지 쓰시오.

○
○

문제 03

침투탐상검사 방법 및 침투지시의 분류(KS B 0816)에서 기준 탐상제의 정의에 대하여 쓰시오.

○

문제 04

침투탐상검사 방법 및 침투지시의 분류(KS B 0816)에 따른 검사 기록에서 검사 대상체에 대한 기록사항을 4가지 쓰시오.

○
○
○
○

문제 05

침투탐상검사 방법 및 침투지시의 분류(KS B 0816)에 따라 침투탐상검사를 하고자 할 때 다음의 검사 온도 범위에서는 침투시간은 어떻게 해야 하는지에 대하여 쓰시오.

(1) 3~15[℃]일 때
(2) 50[℃]를 넘는 경우 또는 3[℃] 이하인 경우

문제 06

침투탐상검사 방법 및 침투지시의 분류(KS B 0816)에서 규정하고 있는 건식 현상제의 입자 직경 크기에 대하여 쓰시오.

○

문제 07

침투탐상검사 방법 및 침투지시의 분류(KS B 0816)에서 규정한 유기화합물이 포함된 탐상제를 사용할 때 안전하게 사용하는 방법에 대하여 5가지 쓰시오.

○
○
○
○
○

문제 08

침투탐상검사 방법 및 침투지시의 분류(KS B 0816)에서 A형 대비 시험편에 대한 내용이다. 다음을 쓰시오.

(1) 크기(가로 × 세로)
(2) 두께
(3) 인공 홈 너비

문제 09

침투탐상검사 방법 및 침투지시의 분류(KS B 0816)에서 규정하는 염색 침투액에 사용하면 안되는 현상법에 대하여 기호를 포함한 3가지 쓰시오.

○
○
○

정답

1	① 세척성이 좋고 과잉 침투액 등을 쉽게 제거할 수 있어야 한다. ② 휘발성이 적당해야 한다. ③ 인화점이 높아야 한다. ④ 중성으로 부식성이 없어야 한다. ⑤ 독성이 적어야 한다.	2	① 조작 방법에 잘못이 있었을 때 ② 침투지시가 흠에 의한 것인지 의사지시인지 판단이 곤란할 때 ③ 기타 필요하다고 인정되는 경우	3	탐상제 구입 시 그 일부를 청결한 용기에 채취하여 보존한 것을 말한다.
4	① 품명 ② 재료 ③ 모양 및 치수 ④ 표면사항	5	(1) : 온도를 고려하여 침투 시간을 늘릴 것 (2) : 침투액 종류, 검사 대상체의 온도 등을 고려하여 침투 시간을 정할 것	6	$0.01 \sim 0.04 [\mu m]$
7	① 화기 근처에서 사용하지 말 것 ② 직사광선에 노출되지 않도록 할 것 ③ 인체에 무해할 것 ④ 안전을 위해 필요에 따라 보안경, 보호장갑, 방독 마스크 등 안전 장구류 등을 착용할 것 ⑤ 다른 탐상제와 혼합되지 않도록 할 것	8	(1) : 75[mm] × 50[mm] (2) : 8~10[mm] (3) : 1.5[mm]	9	① 건식 현상제(D) ② 수용성 습식 현상제(A) ③ 무현상법(N)

침투비파괴검사산업기사 모의고사 제2회

문제 01

침투탐상검사 방법 및 침투지시의 분류(KS B 0816)에서 A형 대비 시험편 재질과 제조 방법에 대하여 각각 쓰시오.

(1) 재질
(2) 제작방법

문제 02

침투탐상검사 방법 및 침투지시의 분류(KS B 0816)에 따라 의사지시가 발생되는 원인에 대하여 4가지 쓰시오.

○
○
○
○

문제 03

침투탐상검사 방법 및 침투지시의 분류(KS B 0816)에 따른 대비 시험편의 사용 목적에 대하여 4가지 쓰시오.

○
○
○
○

문제 04

침투탐상검사 방법 및 침투지시의 분류(KS B 0816)에 따라 검사 보고서에 기록해야 할 처리 조건에 대하여 4가지 쓰시오.

○
○
○
○

문제 05

침투탐상검사 방법 및 침투지시의 분류(KS B 0816) 현상방법의 분류에 따라 FA-W 검사 기호의 의미와 검사 방법에 대하여 쓰시오.

(1) FA-W
(2) 검사 방법

문제 06

침투탐상검사 방법 및 침투지시의 분류(KS B 0816)에서 규정하고 있는 침투탐상검사에 쓰이는 현상법의 종류에 대하여 5가지 쓰시오.

○
○
○
○
○

문제 07

침투탐상검사 방법 및 침투지시의 분류(KS B 0816)에서 규정하는 침투액의 제거 방법에 대하여 3가지 쓰시오.

○
○
○

문제 08

침투탐상검사에 있어서 침투액에 응용되는 원리이며 액체가 들어 있는 통 속에 양끝이 막혀있지 않은 가는 유리관을 세웠을 때, 유리관 속 액체의 면이 관 밖 액체의 면보다 높아지거나 낮아지는 현상은 무엇인지 쓰시오.

○

문제 09

어떤 침투액의 유체의 동점도가 10[m²/s]이고, 밀도가 1.5[kg/m³]일 때, 이 침투액의 점도는 얼마인지 계산과정과 답을 쓰시오.

(1) 계산과정

(2) 답

정답

1	(1) : A2024P (2) : 판의 한 면 중앙부를 분젠버너로 520~530[℃]로 가열한 면에 흐르는 물을 뿌려 급냉시켜 균열을 발생시킨다.	2	① 전처리가 불충분하여 탐상면에 이물질이 남아 있을 때 ② 세척처리나 제거처리가 불충분하여 과잉 침투액이 남아 있을 경우 또는 손에 묻은 침투액이 탐상면에 자국을 남겼을 때 ③ 유화 시간이 짧거나 조작상의 잘못으로 과잉 침투액이 충분히 제거되지 않고 탐상면에 남아 있을 때 ④ 검사 대상체의 형상이나 구조가 복잡하여 세척이 곤란한 곳과 부품의 삽입 등에 의해 나타나는 경우	3	① 사용 중인 각종 탐상제의 품질과 성능의 유지 및 관리 ② 탐상제를 새로 선정하여 구입한 경우의 성능 비교검사 ③ 검사원의 교육과 훈련 ④ 조작방법의 적합 여부 조사
4	① 검사 온도 ② 침투 시간 ③ 유화 시간 ④ 세척수의 온도와 수압	5	(1) : 수세성 형광 침투액 – 수현탁성 습식 현상제 (2) : 전처리 – 침투처리 – 세척처리 – 현상처리 – 건조처리 – 관찰 – 후처리	6	① 건식 현상제(D) ② 속건식 현상제(S) ③ 수용성 습식 현상법(A) ④ 수현탁성 습식 현상법(W) ⑤ 특수 현상법(E)
7	① 수세에 의한 방법 ② 유성 유화제를 사용하는 후유화성 방법 ③ 용제 제거에 의한 방법	8	모세관 현상	9	(1) : 계산식으로는 점도(μ) =동점도(ν) × ρ(밀도)를 응용한다. $10[m^2/s] \times 1.5[kg/m^2]$ $= 15[kg/m \cdot s]$ (2) : 15[kg/m · s]

침투비파괴검사산업기사 모의고사 제3회

문제 01

배관 용접 이음부에 대한 비파괴검사(KS B 0888)에 의한 용제 제거성 염색침투탐상의 검사결과 용접 부분의 300[mm]에 차례대로 4.4[mm]의 선상 지시(a), 1.8[mm]의 선상 지시(b), 3.6[mm]의 선상 지시(c)가 거의 일직선 위에 나타났고, 4.2[mm]의 원형 지시가 나타났다. 또한 (a)와 (b)의 지시 사이 거리는 1.8[mm], (b)와 (c)의 지시 사이의 거리는 2.5[mm]이며, (d)는 (c)로부터 120[mm] 떨어져 있다. 다음 표를 이용하여 흠의 합계점수를 계산과정과 합격유무를 쓰시오.

분 류	0[mm] 초과 2[mm] 이하	2[mm] 초과 4[mm] 이하	4[mm] 초과 8[mm] 이하
선상/연속 침투지시	0점	2점	4점
원형상 침투지시	0점	2점	4점

※ 합격기준 : 연속 침투지시는 8[mm] 이하일 경우에는 합격
※ 평가점수 : 300[mm] 내 10점 이하

(1) 계산과정

(2) 합격 유무

문제 02

침투탐상검사 방법 및 침투지시의 분류(KS B 0816)에서 유화 시간을 달리 할 수 있는 인자에 대하여 5가지 쓰시오.

○
○
○
○
○

문제 03

침투탐상검사 방법 및 침투지시의 분류(KS B 0816)에서 처리량이 많은 소형의 생산부품에 대한 검사 및 주조품과 같이 표면이 거칠거나 비교적 복잡한 형상의 검사 대상체를 세척하는 방법에 대하여 쓰시오.

○

문제 04

침투탐상검사 방법 및 침투지시의 분류(KS B 0816) 규격에서 규정하고 있는 이상적인 침투제의 조건에 대해 4가지 쓰시오.

○
○
○
○
○

문제 05

침투탐상검사 방법 및 침투지시의 분류(KS B 0816)에서 규정하고 있는 침투탐상검사에 쓰이는 현상법의 종류 중 무현상법의 원리에 대하여 쓰시오.

○

문제 06

침투탐상검사 방법 및 침투지시의 분류(KS B 0816)에서 검사 방법의 선정을 위해 검사를 실시하기 전 먼저 검사 대상체에 고려해야 할 사항들에 대하여 5가지 쓰시오.

○
○
○
○
○

문제 07

침투탐상검사 방법 및 침투지시의 분류(KS B 0816)에서 규정하고 있는 검사 보고서에 기록해야 할 사항들에 대하여 5가지 쓰시오.

○
○
○
○
○

문제 08

침투탐상검사 방법 및 침투지시의 분류(KS B 0816)에서 침투처리와 유화처리 그리고 습식현상 처리에 필요로 하는 배액처리를 하는 목적에 대하여 2가지 쓰시오.

○
○

문제 09

침투탐상검사 방법 및 침투지시의 분류(KS B 0816)에서 B형 대비 시험편의 균열 깊이를 조절하는 방법에 대하여 쓰시오.

정답

1	(1) : 연속 침투지시는 (a)와 (b)가 해당되므로 4.4(a)+1.8(b)+지시 사이 거리 1.8=8[mm]로 합격이며 점수는 4점 선상 침투지시는 (c)만 해당되므로 2점 원형상 침투지시는 4.2[mm]이므로 4점 총합 : 4점+4점+2점=10점 (2) : 합격	2	① 예측되는 흠집의 종류 ② 유화제의 종류 ③ 침투액의 종류 ④ 온도 ⑤ 검사 대상체의 표면 거칠기	3	수세에 의한 방법
4	① 미세한 개구부에 쉽게 침투될 수 있어야 한다. ② 증발이나 건조가 너무 빠르지 않아야 한다. ③ 무독, 무취 및 화학적 변화가 적어야 한다. ④ 검사 대상체와 화학반응이 없어야 한다. ⑤ 과잉 침투액 제거가 용이해야 한다.	5	가열에 의한 결함 속의 침투액이나 공기의 팽창 또는 검사 대상체에 가해지는 기계적인 힘에 의해 결함부에 압축 응력이 가해지면 결함체적이 축소되어 침투액이 표면으로 나오는 현상 등을 이용하여 결함 속의 침투액을 외부로 흡출시켜 결함지시 모양을 형성시킨다.	6	① 검사 일자 ② 검사 대상체 ③ 검사 방법의 종류 ④ 탐상제 ⑤ 처리 방법
7	① 예측되는 흠집의 종류 ② 예측되는 흠집의 크기 ③ 검사 대상체의 용도 ④ 표면 거칠기 ⑤ 치수	8	① 검사 대상체 표면의 일부분에 액이 남아있지 않도록 하기 위함이다. ② 과잉 침투액을 제거하고 침투액의 균일한 도포를 형성시켜 세척을 용이하도록 한다.	9	균열의 깊이가 도금층의 두께와 같으므로, 대비 시험편의 도금층 두께를 조정하여 균열의 깊이를 조정한다.

침투비파괴검사산업기사 모의고사 제4회

문제 01

침투탐상검사 방법 및 침투지시의 분류(KS B 0816)에서 A형 대비 시험편의 재질에 대하여 쓰시오.

○

문제 02

침투탐상검사 방법 및 침투지시의 분류(KS B 0816)에서 A형 대비 시험편의 제조방법에 대하여 쓰시오.

○

문제 03

침투탐상검사 방법 및 침투지시의 분류(KS B 0816)에서 규정하는 자외선 조사 장치의 자외선 파장 범위에 대하여 쓰시오.

○

문제 04

침투탐상검사 방법 및 침투지시의 분류(KS B 0816)에 따른 탐상제를 관리하는 방법에 대하여 3가지 쓰시오.

○
○
○

문제 05

침투탐상검사에서 침투액의 점성이 침투력과 침투속도에 미치는 영향을 각각 쓰시오.

(1) 침투력 :

(2) 침투속도 :

문제 06

침투탐상검사 방법 및 침투지시의 분류(KS B 0816)에서 PSM PANEL의 별 모양 균열이 있는 면과 그리트 블라스팅 처리를 한 면의 용도에 대하여 각각 쓰시오.

(1) 별 모양 균열이 있는 면 :

(2) 산화물 그리트 블라스팅 처리를 한 면 :

문제 07

배관 용접 이음부에 대한 비파괴검사(KS B 0888)에 의한 용제 제거성 염색침투탐상의 검사결과 용접 부분의 200[mm]에 차례대로 1.2[mm]의 선상 지시(a), 1.4[mm]의 선상 지시(b), 7.0[mm]의 선상 지시(c)가 거의 일직선 위에 나타났고, 5.0[mm]의 원형지시가 나타났다. 또한 (a)와 (b)의 지시 사이 거리는 1.2[mm], (b)와 (c)의 지시 사이의 거리는 3.0[mm]이며, (d)는 (c)로부터 100[mm] 떨어져 있다. 다음 표를 이용하여 흠의 합계점수를 계산과정과 합격유무를 쓰시오.

분류	1[mm] 초과 2[mm] 이하	2[mm] 초과 4[mm] 이하	4[mm] 초과 8[mm] 이하
선상/연속 침투지시	1점	2점	4점
원형상 침투지시	−	1점	4점

(1) 계산과정 :

(2) 답 :

문제 08

침투탐상검사 방법 및 침투지시의 분류(KS B 0816)에 따른 대비 시험편의 사용 목적에 대하여 4가지 쓰시오.

○
○

문제 09

침투탐상검사 방법 및 침투지시의 분류(KS B 0816)에 따라 침투탐상검사를 할 때 염색 침투액을 사용할 때와 형광 침투액을 사용할 때의 올바른 관찰 조건에 대하여 각각 쓰시오.

(1) 염색 침투액 :

(2) 형광 침투액 :

정답

1	A2024P	2	판의 한 면 중앙부를 분젠버너로 520~530[℃]로 가열한 면에 흐르는 물을 뿌려 급냉시켜 균열을 발생시킨다.	3	320~400[nm]
4	① 기준 탐상제 및 사용하지 않는 탐상제는 용기에 밀폐하여 냉암소에 보관해야 한다. ② 용제 제거성 침투액, 세척액 및 속건식 현상제는 밀폐된 용기에 보관해야 한다. ③ 탐상제를 개방형 장치에서 사용할 때는 먼지, 불순물의 혼입, 탐상제의 비산을 방지하도록 처리해야 한다.	5	(1) : 점성은 침투력 자체에는 그다지 영향을 미치지 않는다. (2) : 점성은 침투액의 물리적 성질 중 하나이며 액체의 고유적 성질로 침투액이 결함 속으로 침투하는 속도에 중요한 변수가 되며, 점성이 클수록 침투 속도는 느려진다.	6	(1) : 크기가 다른 별 모양 균열로 결함 검출 감도를 확인할 목적으로 쓰인다. (2) : 중간 정도의 거칠기를 갖고 바탕색 또는 형광을 확인하여 세척 특성을 감시하기 위하여 사용한다.
7	(1) : 연속 침투지시는 (a)와 (b)가 해당되므로 1.2(a) + 1.4(b) + 지시 사이 거리 1.2 = 3.8[mm] → 2점 선상 침투지시는 (c)만 해당되므로 4점 원형상 침투지시는 5.0[mm]이므로 4점 총합 : 2점 + 4점 + 4점 = 10점 (2) : 10점	8	① 사용 중인 각종 탐상제의 품질과 성능의 유지 및 관리 ② 탐상제를 새로 선정하여 구입한 경우의 성능 비교검사	9	(1) : 검사 면의 밝기(조도)가 500[lx] 이상인 자연광 또는 백색광 아래에서 관찰해야 한다. (2) : 관찰하기 전에 1분 이상 어두운 곳에서 눈을 적응시키고 나서 검사 대상체 표면에 800[μW/cm²] 이상의 자외선을 비추면서 관찰한다. 침투지시를 관찰하는 장소의 밝기는 20[lx] 이하이어야 한다.

침투비파괴검사산업기사 모의고사 제5회

문제 01

침투탐상검사 방법 및 침투지시의 분류(KS B 0816)에서 규정하는 검사방법의 식별 표시방법인 DFA-W의 의미를 쓰시오.

○

문제 02

침투비파괴검사를 자기비파괴검사와 비교하였을 때 장점에 대하여 4가지 쓰시오.

○
○
○
○
○

문제 03

침투탐상검사 방법 및 침투지시의 분류(KS B 0816)에서 A형 대비 시험편에 대한 내용이다. 다음을 쓰시오.

(1) 재질
(2) 크기(가로 × 세로, 두께)

(1) 재질 :
(2) 크기(가로 × 세로, 두께) :

문제 04

침투탐상검사 방법 및 침투지시의 분류(KS B 0816)에서 규정하고 있는 침투탐상검사 시 올바른 적정 온도 범위에 대하여 쓰시오.

○

문제 05

침투탐상 시험방법 및 침투지시모양의 분류(KS B 0816)에서 용제 제거성 염색 침투액 – 속건식 현상법(VC – S)으로 침투탐상검사를 수행할 때 검사 보고서에 작성해야 할 처리 방법에 대하여 5가지 쓰시오.

○
○
○
○
○

문제 06

침투탐상검사 방법 및 침투지시의 분류(KS B 0816)에서 규정하고 있는 연속 침투지시이다. 가장 긴 지시 길이를 쓰시오.

10mm   5mm   8mm   2mm   5mm

(1) 계산과정 :
(2) 답 :

문제 07

침투탐상검사 방법 및 침투지시의 분류(KS B 0816)에서 황동판에 니켈 도금과 크롬 도금을 처리한 후 균열을 생성한 B형 대비 시험편 종류 중에서 PT-B50에 관한 다음의 물음에 알맞은 내용을 각각 쓰시오.

(1) 도금 두께(단위 포함)
(2) 도금 균열의 폭(단위 포함)

(1) 도금 두께(단위 포함) :
(2) 도금 균열의 폭(단위 포함) :

문제 08

침투탐상검사 방법 및 침투지시의 분류(KS B 0816)에서 규정하는 유화제의 적용 방법 중 붓칠법으로 유화제를 적용하지 않는 이유에 대하여 쓰시오.

○

문제 09

침투탐상검사에서 침투처리 후 현상처리를 한 뒤 올바른 관찰조건에 대하여 3가지 쓰시오.

○
○
○

정답

1	수세성 이원성 형광 침투액 – 습식 현상법(수현탁성)	2	① 금속, 비금속에 관계 없이 거의 모든 재료에 적용할 수 있다. ② 1회의 탐상조작으로 검사 대상체 전체를 탐상할 수도 있고, 결함의 방향에 관계 없이 결함을 검출할 수 있다. ③ 액체의 탐상제를 사용하기 때문에 형상이 복잡한 검사 대상체라도 세밀한 부분의 결함도 탐상할 수 있다. ④ 결함이 확대되어 지각(Perception)하기 쉬운 색상, 밝기로 지시모양이 나타나므로, 높은 확률로 결함을 검출할 수 있고, 결함 폭의 확대율이 높기 때문에 아주 미세한 결함도 쉽게 검출할 수 있다. ⑤ 어둡거나 밝아도 탐상할 수 있는 검사방법이 있으며, 검사환경에 따라 검사방법을 선택할 수 있다.	3	(1) : A2024P (2) : 75[mm] × 50[mm], 두께 8~10[mm]
4	일반적으로 온도 15[℃]에서 50[℃]의 범위에서 표준 침투 시간과 현상 시간이 적용되며 3[℃]에서 15[℃] 범위에서는 온도를 고려하여 침투 시간을 늘리고, 50[℃]를 넘는 경우 또는 3[℃] 이하인 경우는 침투액의 종류, 검사 대상체의 온도 등을 고려하여 침투 시간을 정한다.	5	① 전처리 방법 ② 침투액의 적용방법 ③ 세척 방법 또는 제거 방법 ④ 현상제의 적용방법 ⑤ 건조 방법	6	(1) : 8+2+5=15[mm] (2) : 15[mm]
7	(1) : 50 ± 5[μm] (2) : 2.5[μm]	8	붓칠법은 침투액과 유화제가 서로 불균일하게 혼합되므로 권장하지 않는다.	9	① 탐상면의 밝기 ② 현상시간 ③ 현상피막의 두께

02 침투비파괴검사기사 실기 모의고사

침투비파괴검사기사 모의고사 제1회

문제 01

침투탐상검사 방법 및 침투지시의 분류(KS B 0816)에 따라 침투지시를 분류할 때 독립침투지시의 종류에 대하여 3가지 쓰시오.

○
○
○

문제 02

모세관 현상의 상승 높이를 나타내는 공식에 대하여 쓰시오.

○

문제 03

침투탐상검사 방법 및 침투지시의 분류(KS B 0816)에서 규정하는 침투액의 적용방법에 대하여 3가지 쓰시오.

○
○
○

문제 04

침투탐상검사 방법 및 침투지시의 분류(KS B 0816)에서 단조품을 침투탐상검사를 할 때 올바른 침투시간과 현상시간에 대하여 각각 쓰시오.

(1) 침투시간 :
(2) 현상시간 :

문제 05

침투탐상검사 방법 및 침투지시의 분류(KS B 0816)에 따른 자외선 조사 장치의 점검 방법과 암실에서 관찰할 때의 조도에 대하여 쓰시오.

(1) 자외선 조사 장치의 점검 방법 :
(2) 암실에서 관찰할 때의 조도 :

문제 06

침투탐상검사 방법 및 침투지시의 분류(KS B 0816)에서 침투탐상검사 중 검사의 중간 또는 종료 후 어떠한 경우에 다시 검사를 실시해야 하는지에 대하여 2가지 쓰시오.

○
○

문제 07

침투탐상검사 방법 및 침투지시의 분류(KS B 0816)에서 규정하는 검사방법의 식별 표시방법 중 이원성 형광 침투액의 기호를 쓰시오.

○

문제 08

침투탐상검사 방법 및 침투지시의 분류(KS B 0816)에서 황동판에 니켈 도금과 크롬 도금을 처리한 후 균열을 생성한 B형 대비 시험편 종류 중에서 PT-B50에 관한 다음의 물음에 알맞은 내용을 각각 쓰시오.

(1) 도금 두께(단위 포함) :
(2) 도금 균열의 폭(단위 포함) :

문제 09

침투탐상검사 방법 및 침투지시의 분류(KS B 0816)에서 규정하는 침투액의 제거 방법에 대하여 4가지 쓰시오.

○
○
○
○

문제 10

침투탐상검사 방법 및 침투지시의 분류(KS B 0816)의 현상방법 분류에 따라 수현탁성 현상제의 기호에 대하여 쓰시오.

○

문제 11

침투탐상검사 방법 중 다른 방법에 비해 폭이 넓고 얕은 결함에 대하여 검출 감도가 좋고 침투액이 수분이나 온도의 영향으로 저하되지 않으며, 자외선 조사 장치가 필요한 검사 방법이 무엇인지 쓰시오.

○

정답

1	① 균열에 의한 침투지시 ② 선상 침투지시 ③ 원형상 침투지시	2	모세관 현상의 상승 높이(h) $= \dfrac{2\Gamma LG\cos\theta}{r\rho g}$	3	① 침지법 ② 분무법 ③ 붓칠법
4	(1) : 5분 (2) : 7분	5	(1) : 자외선 강도는 자외선 강도계를 사용하여 측정하고, 38[cm] 떨어져서 800[μW/cm²] 이하이거나 또는 수은등광의 누출이 있다면 부품을 교환 또는 폐기한다. (2) : 20[lx] 이하	6	① 조작 방법에 잘못이 있었을 때 ② 침투지시가 흠에 의한 것인지 의사지시인지 판단이 곤란할 때
7	DF	8	(1) : 50 ± 5[μm] (2) : 2.5[μm]	9	① 수세에 의한 방법 ② 유성 유화제를 사용하는 후유화성 방법 ③ 용제 제거에 의한 방법 ④ 수성 유화제를 사용하는 후유화성 방법
10	W	11	후유화성 형광침투탐상검사		

침투비파괴검사기사 모의고사 제2회

문제 01

침투탐상검사 방법 및 침투지시의 분류(KS B 0816)에 따른 대비 시험편의 사용 목적에 대하여 2가지 쓰시오.

○
○

문제 02

침투탐상검사 방법 및 침투지시의 분류(KS B 0816)에서 규정하고 있는 관련지시와 무관련지시에 대한 내용이다. 다음을 쓰시오.

(1) 관련지시의 정의 :
(2) 관련지시의 종류 :
(3) 무관련지시의 정의 :
(4) 무관련지시의 종류 :

문제 03

침투탐상검사 방법 및 침투지시의 분류(KS B 0816)에서 B형 대비 시험편의 기호에 대하여 4가지 쓰시오.

○
○
○
○

문제 04

침투탐상검사 방법 및 침투지시의 분류(KS B 0816) 규격에 따라 다음의 이물질들에 따른 올바른 전처리 방법들을 보기에서 골라 각각 3가지씩 쓰시오.

[보기]
세제, 샌드 블라스팅, 알칼리 용액, 고온 가열, 용제, 그라인딩

(1) 녹 제거에 쓰이는 전처리 방법 :
(2) 유기물 제거에 쓰이는 전처리 방법 :

문제 05

침투탐상검사 방법 및 침투지시의 분류(KS B 0816)에서 전처리가 불량할 경우 발생되는 현상에 대하여 쓰시오.

○

문제 06

침투탐상검사 방법 및 침투지시의 분류(KS B 0816) 규격에서 규정하고 있는 이상적인 침투제의 조건에 대해 4가지 쓰시오.

○
○
○
○

문제 07

침투탐상검사 방법 및 침투지시의 분류(KS B 0816)에서 규정하는 검사방법의 식별 표시방법 중 VC-S의 의미를 쓰시오.

○

문제 08

보일러 및 압력용기에 대한 침투탐상검사(ASME Sec.V Art.6) 규격에서 규정하고 있는 세척수의 수온과 수압에 대하여 각각 쓰시오.

(1) 수온 :
(2) 수압 :

문제 09

침투탐상검사 방법 및 침투지시의 분류(KS B 0816)에 따라 VC – S 검사 방법으로 시험 탐상면을 검사하던 도중 현상제에 이상이 생겼을 경우 현상제의 점검 방법에 대하여 2가지 쓰시오.

○
○

문제 10

침투탐상검사 방법 및 침투지시의 분류(KS B 0816)에서 규정하고 있는 현상제의 표준 현상시간에 대하여 쓰시오.

○

문제 11

보일러 및 압력용기에 대한 침투탐상검사(ASME Sec.V Art.6) 규격에 따라 티타늄 재질의 검사 대상체를 시험하는 경우 포함되지 말아야 할 성분과 함유량에 대하여 다음을 쓰시오.

(1) 포함되지 말아야 할 성분 :
(2) 함유량 :

정답

#		#		#	
1	① 사용 중인 각종 탐상제의 품질과 성능의 유지 및 관리 ② 탐상제를 새로 선정하여 구입한 경우의 성능 비교검사	2	(1) : 결함에 의한 지시모양 (2) : 독립 침투지시, 연속 침투지시, 분산 침투지시 (3) : 표면의 불연속으로 나타나는 지시모양 (4) : 열쇠 홈, 리벳을 한 이음부, 부분용접으로 조립된 부품 사이의 틈새, 단면의 변화부 등에서 발생하는 지시모양	3	① PT-B10 ② PT-B20 ③ PT-B30 ④ PT-B50
4	(1) : 샌드 블라스팅, 그라인딩, 용제 (2) : 알칼리 용액, 세제, 고온 가열	5	검사 대상체 표면에 이물질이 부착되어 있으면 배경을 나쁘게 하여 의사지시를 발생시키는 원인이 되기도 하며, 부착되어 있는 양이 많으면 침투액을 오염시키기도 한다.	6	① 미세한 개구부에 쉽게 침투될 수 있어야 한다. ② 증발이나 건조가 너무 빠르지 않아야 한다. ③ 무독, 무취 및 화학적 변화가 적어야 한다. ④ 검사 대상체와 화학반응이 없어야 한다.
7	용제 제거성 염색 침투액 - 속건식 현상법	8	(1) : 43[℃]=110[℉] (2) : 345[kPa]=50[PSI]	9	① 사용 중인 건식 현상제의 겉모양을 점검하여, 현저한 형광의 잔류가 나타나거나 또는 응집 입자가 생기고 현상 성능의 저하가 인정되면 폐기한다. ② 사용 중인 습식 현상제의 겉모양을 점검하여, 현저한 형광의 잔류가 나타나거나 또는 적정 농도를 유지하지 못하고 현상 성능의 저하가 인정되면 폐기한다.
10	7분	11	(1) : 염소 및 불소 (2) : 염소 및 불소를 합한 전체 함유량은 무게비로 잔류량의 1[%]를 초과해서는 안 된다.		

침투비파괴검사기사 모의고사 제3회

문제 01

다음 ( ) 안에 알맞은 내용을 쓰시오.

형광 침투액을 사용할 때 특별히 규정하지 않았다면, 관찰하기 전에 1분 이상 어두운 곳에서 눈을 적응시키고 나서 검사 대상체 표면에 (가)[μW/cm²] 이상의 자외선을 비추면서 관찰한다. 염색 침투액을 사용할 때, 검사 면의 밝기(조도)가 (나)[lx] 이상인 자연광 또는 백색광 아래에서 관찰하는 것이 바람직하다.

가 :
나 :

문제 02

침투탐상검사 방법 및 침투지시의 분류(KS B 0816)에서 규정하는 검사방법의 식별 표시방법 중 DFB-S의 의미를 쓰시오.

○

문제 03

침투탐상검사 방법 및 침투지시의 분류(KS B 0816)에 따른 자외선 조사 장치의 점검 방법에 대하여 쓰시오.

○

문제 04

침투탐상검사 방법 및 침투지시의 분류(KS B 0816)에 따른 대비 시험편의 사용 목적에 대하여 2가지 쓰시오.

○
○

문제 05

수세성 침투액을 사용하는 침투탐상검사에서는 현상법에 따라 건조처리의 적용 시기가 각기 다르다. 다음 경우에 따라 건조를 실시하는 시기에 대하여 쓰시오.

(1) 건식 현상법 :
(2) 습식 현상법 :
(3) 속건식 현상법 :
(4) 무현상법 :

문제 06

침투탐상검사 방법 및 침투지시의 분류(KS B 0816)에 따라 검사 보고서에 기록해야 할 처리 조건에 대하여 4가지 쓰시오.

○
○
○
○

문제 07

강제 석유저장탱크의 구조 – 전체용접부(KS B 6225)에 대한 침투탐상검사에서 석유저장탱크의 바닥면을 검사할 때 다음을 쓰시오.

(1) 현장에서 적절한 검사 방법 :
(2) 침투액 제거 방법 :
(3) 검사의 순서 :

문제 08

침투탐상검사 방법 및 침투지시의 분류(KS B 0816)에서 규정하는 검사방법의 식별 표시방법인 FD – D의 검사 순서에 대하여 쓰시오.

○

문제 09

침투탐상검사 방법 및 침투지시의 분류(KS B 0816)에서 침투탐상 시험장치는 대형 및 자동화 그리고 휴대용 등 종류가 다양한데, 그 중 기기 제작에 포함해야 하는 것에 대하여 4가지 쓰시오.

○
○
○
○

문제 10

침투탐상검사 방법 및 침투지시의 분류(KS B 0816)에 따라 용제 제거성 침투탐상검사를 적용할 때 과잉 침투액을 제거처리할 때의 주의사항에 대하여 2가지 쓰시오.

○
○

문제 11

침투탐상검사 방법 및 침투지시의 분류(KS B 0816)에서 일반적으로 현상제에 요구되는 성질에 대하여 3가지 쓰시오.

○
○
○

정답

1	가 : 800 나 : 500	2	후유화성(유성) 이원성 형광 침투액 – 속건식 현상법	3	자외선 강도는 자외선 강도계를 사용하여 측정하고, 38[cm] 떨어져서 800[μW/cm²] 이하이거나 또는 수은등광의 누출이 있다면 부품을 교환 또는 폐기한다.
4	① 사용 중인 각종 탐상제의 품질과 성능의 유지 및 관리 ② 탐상제를 새로 선정하여 구입한 경우의 성능 비교검사	5	(1) 세척처리 후 건조처리를 실시한다. (2) 현상처리 후 건조처리를 실시한다. (3) 세척처리 후 건조처리를 실시한다. (4) 세척처리 후 가열건조처리를 실시한다.	6	① 검사 온도 ② 침투 시간 ③ 유화 시간 ④ 세척수의 온도와 수압
7	(1) 용제 제거성 염색 침투액 – 속건식 현상법(VC – S) (2) 침투액 제거 방법 : 용제 제거에 의한 방법 (3) 검사의 순서 : 전처리 – 침투처리 – 제거처리 – 현상처리 – 관찰 – 후처리	8	전처리 – 침투처리 – 예비세척처리 – 유화처리 – 세척처리 – 건조처리 – 현상처리 – 관찰 – 후처리	9	① 침투액 탱크 ② 배액대 ③ 유화액 탱크 ④ 세척장치
10	① 마른 헝겊으로 탐상면의 침투액을 닦아낸다. 이 공정에서 과잉 침투액의 대부분을 제거한다. ② 다른 마른 헝겊에 세척액을 묻혀서 탐상면에 남아 있는 침투액을 닦아낸다. 이때 세척액을 너무 많이 적시면 과세척이 될 우려가 있다.	11	① 침투액의 흡출 능력이 강한 미세분말이어야 한다. ② 분산성이 좋아서 탐상면에 얇고 균일하게 도포할 수 있어야 한다. ③ 화학적으로 안정되어야 한다.		

침투비파괴검사기사 모의고사 제4회

문제 01

침투탐상검사 방법 및 침투지시의 분류(KS B 0816)에서 황동판에 니켈 도금과 크롬 도금을 처리한 후 균열을 생성한 B형 대비 시험편 종류 중에서 PT-B50의 도금 두께를 쓰시오.(단위 포함)

○

문제 02

보일러 및 압력용기에 대한 침투탐상검사(ASME Sec.V Art.6)에서 규정하고 있는 보고서에 기록해야 하는 사항에 대하여 4가지 쓰시오.

○
○
○
○

문제 03

침투탐상검사 방법 및 침투지시의 분류(KS B 0816)에서 A형 대비 시험편의 후처리 방법에 대한 내용이다. 다음을 쓰시오.

(1) 사용 후 처리 방법
　　○
(2) 대비 시험편 표면에 남아 있는 잔류물을 제거하는 방법 2가지
　　○
　　○
(3) 잔류물 제거 시 피해야 하는 방법과 그 이유
　　① 잔류물 제거 시 피해야 하는 방법:
　　② 이유 :

문제 04

침투탐상검사 방법 및 침투지시의 분류(KS B 0816)에서 규정하는 침투액의 적용방법에 대하여 3가지 쓰시오.

○
○
○

문제 05

침투탐상검사 방법 및 침투지시의 분류(KS B 0816)의 현상방법 분류에 따라 수현탁성 현상제의 기호에 대하여 쓰시오.

○

문제 06

침투탐상검사 방법 및 침투지시의 분류(KS B 0816)에 따라 검사 대상체에 침투액을 적용하기 전에 침투액이 흠집 내부에 침투하는 것을 방해하지 않도록 전처리로 제거해야 하는 오물에 대하여 3가지 쓰시오.

○
○
○

문제 07

침투탐상검사 방법 및 침투지시의 분류(KS B 0816)에서 규정하는 A형 대비 시험편의 크기 및 두께에 대하여 쓰시오.

○

문제 08

침투탐상검사 방법 및 침투지시의 분류(KS B 0816)에서 침투액의 침투 성능을 결정하는 적심성에 대하여 쓰시오.

○

문제 09

용접 작업에 있어서 고장력강을 용접 후 1일 이상 경과시킨 다음 침투탐상검사를 실시하는데, 그 이유에 대하여 쓰시오.

○

문제 10

용접부에 대한 침투탐상검사는 용접에 따른 공정 즉, 개선면에 대한 검사, 용접 중의 검사(뒷면 따내기면의 검사, 용접 중간층 표면의 검사), 용접 표면의 검사로 3단계로 행해지며, 용접을 보수한 후에 실시하는 보수검사가 있다. 개선면의 검사는 중요한 구조물의 후판 용접부에는 개선면에 대한 침투탐상검사가 행해진다. 다음의 내용에 알맞은 내용들을 쓰시오.

(1) 예상되는 결함 1가지 :
(2) 용접에 미치는 영향 1가지 :

문제 11

침투탐상검사 방법 및 침투지시의 분류(KS B 0816)에 따라 샘플링 검사를 합격한 로트의 모든 제품에 표시하는 방법에 대하여 2가지 쓰시오.

○
○

정답

1	$50 \pm 5[\mu m]$	2	① 절차서 번호 및 개정 번호 ② 탐상제의 종류(염색 또는 형광) ③ 사용되는 침투제, 제거제, 유화제 및 현상제의 종류(번호 또는 글자) ④ 시험 요원의 성명 및 참조규격에서 요구되는 경우 자격인정 레벨	3	(1) 대비 시험편은 사용한 다음 즉시 세척하여 잔유물을 제거해야 한다. (2) ① 용제를 사용하는 방법 ② 화학반응을 이용하는 방법 (3) ① 산 세척 ② 결함의 폭을 크게 할 염려가 있기 때문이다.
4	① 침지법 ② 분무법 ③ 붓칠법	5	W	6	① 유지류 ② 도료 ③ 녹
7	가로 75[mm], 세로 50[mm], 두께 8~10[mm]	8	적심성이 좋을수록 침투가 잘 되고, 적심성이 좋은 재료는 표면에 다소의 오염이 있어도 잘 퍼지며, 적심성이 나쁜 재료는 굳어 버린다.	9	용접이 완료되고 난 후 수소취화에 의해 자연균열이 발생할 수 있으므로 1일 이상 경과된 다음 검사를 실시한다.
10	(1) 라미네이션 (2) 용접된 구조물의 개선면에 결함이 있을 경우, 용접 시 가해진 열의 영향으로 인하여 성장할 우려가 있다.	11	① 모든 제품에 ⓟ 기호를 표시한다. ② 모든 제품에 착색(황색으로만)하여 표시한다.		

침투비파괴검사기사 모의고사 제5회

문제 01

배관 용접 이음부에 대한 비파괴검사(KS B 0888)에 의한 용제 제거성 염색침투탐상의 검사결과 용접부분의 200[mm]에 차례대로 1.6[mm]의 선상 지시(a), 1.8[mm]의 선상 지시(b), 3.0[mm]의 선상 지시(c)가 거의 일직선 위에 나타났고, 3.2[mm]의 원형지시가 나타났다. 또한 (a)와 (b)의 지시 사이 거리는 1.4[mm], (b)와 (c)의 지시 사이의 거리는 2.5[mm]이며, (d)는 (c)로부터 100[mm] 떨어져 있다. 다음 표를 이용하여 흠의 합계점수를 계산과정과 답을 쓰시오.

분류	0[mm] 초과 1[mm] 이하	1[mm] 초과 3[mm] 이하	3[mm] 초과 4[mm] 이하
선상/연속 침투지시	0점	2점	4점
원형상 침투지시	–	0점	1점

(1) 계산과정 :
(2) 답 :

문제 02

침투탐상검사 방법 및 침투지시의 분류(KS B 0816)에서 규정하고 있는 탐상제의 성능을 확인하는 방법과 조작의 적합 여부를 평가하는 방법에 대하여 쓰시오.

(1) 탐상제의 성능을 확인하는 방법 :
(2) 조작의 적합 여부를 평가하는 방법 :

문제 03

침투탐상검사 방법 및 침투지시의 분류(KS B 0816)에서 규정하는 A형 대비 시험편에 대하여 다음을 쓰시오.

(1) 시험편의 재질 :
(2) 제작 방법 :
(3) 크기 및 두께 :
(4) 홈의 크기 및 깊이 :

문제 04

침투탐상검사 방법 및 침투지시의 분류(KS B 0816)에서 침투탐상용 B형 시험편에 대한 내용이다. 괄호에 O 또는 X를 쓰시오.

(1) 도금 두께와 갈라짐의 너비에 따라 네 종류로 구분된다. ( )
(2) 탐상제의 성능 확인 및 조작방법의 적합 여부를 조사하는 데 사용된다. ( )
(3) 시험편의 인공결함을 검출하지 못하면 검사 대상체 표면을 가열하여 재시험한다. ( )
(4) 크롬 도금은 검사 대상체 바깥쪽 면을 향하여 부착하도록 한다. ( )

(1) ( )
(2) ( )
(3) ( )
(4) ( )

문제 05

침투탐상검사 방법 및 침투지시의 분류(KS B 0816)에 따른 검사 기록에서 검사 대상체에 대한 기록사항을 4가지 쓰시오.

○
○
○
○

문제 06

보일러 및 압력용기에 대한 침투탐상검사(ASME Sec.V Art.6) 규격에서의 허용되는 시험 탐상제 및 검사 대상체의 표준온도 범위를 쓰시오.

○

문제 07

스테인리스강 또는 티타늄 합금은 침투탐상제에 함유되어 있는 (가) 이온과 니켈 합금은 고온에서 (나) 이온을 만나면 취성과 부식을 일으킨다. (가)와 (나)에 대한 성분 명칭을 쓰시오.

(가) :
(나) :

문제 08

침투탐상검사 방법 및 침투지시의 분류(KS B 0816)에 따른 침투탐상검사에 사용하는 탐상장치에 대하여 4가지 쓰시오.

○
○
○
○

문제 09

수세성 침투액을 사용하는 침투탐상검사에서는 현상법에 따라 건조처리의 적용시기가 각기 다르다. 다음 경우에 따라 건조를 실시하는 시기에 대하여 쓰시오.

(1) 건식 현상법 :
(2) 습식 현상법 :
(3) 속건식 현상법 :
(4) 무현상법 :

문제 10

침투탐상검사 방법 및 침투지시의 분류(KS B 0816)에서 규정하는 검사방법의 식별 표시방법인 DFA-S의 의미를 쓰시오.

○

문제 11

침투탐상검사 방법 및 침투지시의 분류(KS B 0816)에서 침투탐상검사 중 검사의 중간 또는 종료 후 어떠한 경우에 다시 검사를 실시해야 하는지에 대하여 2가지 쓰시오.

○
○

정답

1	(1) 연속 침투지시로 (a)와 (b)가 해당돼서 1.6+1.4+1.8= 5.8 → 4점 선상 침투지시는 (c)만 해당 되므로 3.0[mm] → 2점 원형상 침투지시는 3.2[mm] 이므로 1점 4점+2점+1점=7점 (2) 7점	2	(1) 탐상제의 성능 검사는 1조의 대비 시험편 각각의 면에 비교할 탐상제를 각각 적용하여, 동일 조건의 검사를 하여 얻어진 침투지시를 비교한다. (2) 조작의 적합 여부를 조사하기 위한 검사는 1조의 대비 시험편에 동일 탐상제를 다른 조건을 적용하여 검사를 하여 침투지시를 비교한다.	3	(1) 알루미늄 합금(A2024P) (2) 판의 한 면 중앙부를 분젠버너로 520~530[℃]로 가열한 면에 흐르는 물을 뿌려 급냉시켜 균열을 발생시킨다. (3) 가로 75[mm], 세로 50[mm], 두께 8~10[mm] (4) 1.5[mm]
4	(1) O (2) O (3) X (4) X	5	① 품명 ② 재료 ③ 모양 및 치수 ④ 표면사항	6	5~52[℃]
7	가 : 염소 및 불소 나 : 유황	8	① 전처리 장치 ② 침투장치 ③ 유화장치 ④ 세척장치	9	(1) 세척처리 후 건조처리를 실시한다. (2) 현상처리 후 건조처리를 실시한다. (3) 세척처리 후 건조처리를 실시한다. (4) 세척처리 후 가열건조처리를 실시한다.
10	수세성 이원성 형광 침투액-속건식 현상법	11	① 조작 방법에 잘못이 있었을 때 ② 침투지시가 흠에 기인한 것인지 의사지시인지 판단이 곤란할 때		

참고문헌

1. 침투탐상검사 방법 및 침투지시의 분류(KS B 0816) 규격
2. 보일러 및 압력용기에 대한 침투탐상검사(ASME Sec.V Art.6) 규격
3. 강제 석유저장탱크의 구조 – 전체용접부(KS B 6225) 규격
4. 배관 용접 이음부에 대한 비파괴검사(KS B 0888) 규격
5. 국가직무능력표준(NCS) – 침투비파괴검사 자료
6. 국토교통부 항공정비사 표준교재 항공기 정비일반

침투비파괴검사 산업기사/기사 실기
필답 기출문제집

발 행	2025년 6월 30일 초판1쇄
저 자	조정현
발 행 인	최영민
발 행 처	피앤피북
주 소	경기도 파주시 신촌로 16
전 화	031-8071-0088
팩 스	031-942-8688
전자우편	pnpbook@naver.com
출판등록	2015년 3월 27일
등록번호	제406-2015-31호

정가 : 19,000원

- 이 책의 어느 부분도 저작권자나 발행인의 승인 없이 무단 복제하여 이용할 수 없습니다.
- 파본 및 낙장은 구입하신 서점에서 교환하여 드립니다.

ISBN 979-11-94085-60-7　(93550)